水利水电建筑工程高水平专业群工作手册式系列教材

海绵城市工程设计与施工实训

主　编　张鹏飞　靳晓颖　刘　翠
副主编　冯　峰　郭天鹏

中国水利水电出版社
www.waterpub.com.cn
·北京·

内 容 提 要

本书是高等职业教育“双高校”建设规划教材，是教育部高等学校高职高专水利水电建筑工程专业教学指导委员会推荐教材。本书是依据我国现行海绵城市建设相关的标准、规范和图集，依托实际的工程案例编写完成的。全书共分为六个任务，包括海绵小区水文要素、透水铺装设计、绿色屋顶设计、雨水花园设计、人工湿地设计和雨水调蓄池设计。

本书可作为高职、高专、成人高校和职业教育本科水利类、市政类和环境类专业的实训教材，亦可作为海绵城市工程技术人员的参考用书。

图书在版编目（CIP）数据

海绵城市工程设计与施工实训 / 张鹏飞，靳晓颖，刘翠主编. -- 北京 : 中国水利水电出版社，2022.5
水利水电建筑工程高水平专业群工作手册式系列教材
ISBN 978-7-5226-0849-5

Ⅰ. ①海… Ⅱ. ①张… ②靳… ③刘… Ⅲ. ①城市建设－工程施工－高等职业教育－教材 Ⅳ. ①TU984

中国版本图书馆CIP数据核字(2022)第125841号

书　名	水利水电建筑工程高水平专业群工作手册式系列教材 **海绵城市工程设计与施工实训** HAIMIAN CHENGSHI GONGCHENG SHEJI YU SHIGONG SHIXUN
作　者	主　编　张鹏飞　靳晓颖　刘　翠 副主编　冯　峰　郭天鹏
出版发行	中国水利水电出版社 （北京市海淀区玉渊潭南路1号D座　100038） 网址：www.waterpub.com.cn E-mail：sales@mwr.gov.cn 电话：(010) 68545888（营销中心）
经　售	北京科水图书销售有限公司 电话：(010) 68545874、63202643 全国各地新华书店和相关出版物销售网点
排　版	中国水利水电出版社微机排版中心
印　刷	天津嘉恒印务有限公司
规　格	184mm×260mm　16开本　8.5印张　207千字
版　次	2022年5月第1版　2022年5月第1次印刷
印　数	0001—2000册
定　价	**35.00**元

前　言

《海绵城市工程设计与施工实训》工作手册式教材是贯彻《国家职业教育改革实施方案》（国发〔2019〕4号）中“倡导使用新型活页式、工作手册式教材并配套开发信息化资源”的精神，由黄河水利职业技术学院与河南省海绵城市建设有限公司、苏州市清泽环境技术有限公司共同开发完成的。

本书对接海绵城市工程设计人员的岗位需求，依托丰富的实际工程案例对海绵小区工程设计内容进行了基于真实工作过程的项目化重构。全书共包括六个任务，分别以六个实际工程项目为载体，对海绵城市中的海绵小区水文要素、透水铺装、绿色屋顶、雨水花园、人工湿地和雨水调蓄池进行设计。每个设计任务均构建了完整的工作流程，对设计要点也有详细阐述和示范，本书在使用中可还原出真实的设计工作过程，帮助学生更好地掌握海绵小区工程设计技能。

本书编写人员及编写分工如下：黄河水利职业技术学院张鹏飞编写任务二和任务四1～3节，靳晓颖编写任务一和任务五1～3节，刘翠编写任务三和任务六1～3节，冯峰编写任务四4～5节和任务五4～5节，苏州市清泽环境技术有限公司郭天鹏博士编写任务六4～5节，全书由张鹏飞统稿。在本书编写过程中，得到了河南省海绵城市建设有限公司李冰董事长的大力帮助和指导，在此表示衷心的谢意。

由于编者水平有限，书中难免存在缺点和疏漏，恳请各位专家、同行和广大读者批评指正。

编者

2022年5月

目　录

任务一　海绵小区水文要素

一、知识清单

源头减排雨水系统的目标是实现建筑小区及厂区内的雨水径流总量控制、径流峰值控制、径流污染控制，并尽可能实现雨水资源化，加以利用。雨水控制与利用设施将围绕这些目标展开规划与配置。

1. 年径流总量控制率

年径流总量控制率 a 大致分为五个区［可查询国家建筑标准设计图集（海绵城市建设系列）《海绵型建筑与小区雨水控制及利用》（17S705）］，其中，Ⅰ区（$85\% \leqslant \alpha \leqslant 90\%$），Ⅱ区（$80\% \leqslant \alpha \leqslant 85\%$），Ⅲ区（$75\% \leqslant \alpha \leqslant 85\%$），Ⅳ区（$70\% \leqslant \alpha \leqslant 85\%$），Ⅴ区（$60\% \leqslant \alpha \leqslant 85\%$），应按该要求确定本地区径流总量控制目标。

若实现年径流总量控制率，源头减排雨水系统需要对一定厚度的降雨量进行控制（表1-1）。

表1-1　我国部分城市年径流总量控制率对应的设计降雨量值一览表

序号	城市	不同年径流总量控制率对应的设计降雨量/mm				
		60%	70%	75%	80%	85%
1	酒泉	4.1	5.4	) 6.3	7.4	8.9
2	拉萨	6.2	8.1	9.2	10.6	12.3
3	西宁	6.1	8.0	9.2	10.7	12.7
4	乌鲁木齐	5.8	7.8	9.1	10.8	13.0
5	银川	7.5	10.3	12.1	14.4	17.7
6	呼和浩特	9.5	13.0	15.2	18.2	22.0
7	哈尔滨	9.1	12.7	15.1	18.2	22.2
8	太原	9.7	13.5	16.1	19.4	23.6
9	长春	10.6	14.9	17.8	21.4	26.6
10	昆明	11.5	15.7	18.5	22.0	26.8
11	汉中	11.7	16.0	18.8	22.3	27.0
12	石家庄	12.3	17.1	20.3	24.1	28.9
13	沈阳	12.8	17.5	20.8	25.0	30.3
14	杭州	13.1	17.8	21.0	24.9	30.3

续表

序号	城市	不同年径流总量控制率对应的设计降雨量/mm				
		60%	70%	75%	80%	85%
15	合肥	13.1	18.0	21.3	25.6	31.3
16	长沙	13.7	18.5	21.8	26.0	31.6
17	重庆	12.2	17.4	20.9	25.5	31.9
18	贵阳	13.2	18.4	21.9	26.3	32.0
19	上海	13.4	18.7	22.2	26.7	33.0
20	北京	14.0	19.4	22.8	27.3	33.6
21	郑州	14.0	19.5	23.1	27.8	34.3
22	福州	14.8	20.4	24.1	28.9	35.7
23	南京	14.7	20.5	24.6	29.7	36.6
24	宜宾	12.9	19.0	23.4	29.1	36.7
25	天津	14.9	20.9	25.0	30.4	37.8
26	南昌	16.7	22.8	26.8	32.0	38.9
27	南宁	17.0	23.5	27.9	33.4	40.4
28	济南	16.7	23.2	27.7	33.5	41.3
29	武汉	17.6	24.5	29.2	35.2	43.3
30	广州	18.4	25.2	29.7	35.5	43.4
31	海口	23.5	33.1	40.0	49.5	63.4

注 本表为根据多年平均降雨量统计结果。

2. 径流峰值控制

径流峰值是个相对概念。有最高5min降雨径流峰值，也有最高1h、2h甚至更长时间段的降雨径流峰值。相对于全年365日降雨径流来说，常年最大24h降雨是一年中的降雨径流峰值，雨水控制利用工程应对其进行控制，各城市对最大24h降雨普遍都很重视。需要控制的雨水径流总量应按式（1-1）计算。

$$W=10(\varphi_c-\varphi_0)h_yF \tag{1-1}$$

式中 W——需控制利用的雨水径流总量，m^3；

φ_c——雨量径流系数(日降雨)(表1-2)，应与硬化面F相对应。当加权计算硬化面F的综合径流系数时，不应计入F以外的面积和径流系数；

φ_0——控制最大24h降雨所对应的外排雨水径流系数，对于新建工程，应取建设开发前自然地面的值，可按0.2～0.4计。当上位规划或当地政府对最大日降雨外排率有控制要求时，应按该要求取值；

h_y——设计日降雨量，mm，取常年最大24h降雨量，并且不应小于表1-3中的值；

F——硬化汇水面面积，hm^2，应按不透水硬化汇水面的水平投影面积计算，为非绿化屋面、水面、道路、广场、停车场等的总面积扣除透水铺装地面的面积。

表 1-2　　硬化面雨量径流系数

下垫面类型	雨量径流系数 φ_c
硬屋面、未铺石子的平屋面、沥青屋面	0.8～0.9
铺石子的平屋面	0.6～0.7
混凝土和沥青路面	0.8～0.9
块石等铺砌路面	0.5～0.6
水面	1.0

表 1-3　　全国主要城市降雨量资料

站名	统计资料年数/a	平均年降雨量/mm	平均年降雨次数/次	2mm 以上降雨占总降雨的比例		4mm 以上降雨占总降雨的比例		1年一遇日降雨量/mm	2年一遇日降雨量/mm
				次数比例/%	降雨量比例/%	次数比例%	降雨量比例%		
徐州	43	826.7	82.3	58.7	97.0	46.2	93.3	65.8	87.1
赣榆	46	910.3	87.1	57.7	97.1	45.1	93.5	57.0	106.1
亳州	50	785.8	83.7	58.0	96.9	44.4	92.6	50.6	83.3
蚌埠	51	903.2	100.1	57.4	96.6	44.5	92.4	57.2	85.4
南京	52	1031.4	114.3	59.3	96.8	46.1	92.5	45.6	85.6
东台	50	1062.5	115.5	58.3	97.0	45.1	92.9	67.7	89.6
霍山	49	1350.7	137.1	62.8	97.3	49.5	93.2	52.6	82.8
合肥	50	971.3	112.7	59.5	96.6	45.9	91.9	45.3	82.1
龙华	8	1134.6	120.8	63.7	97.1	49.4	92.5	55.7	86.8
安庆	52	1418.4	127.8	62.6	97.6	49.6	94.1	63.7	104.2
杭州	52	1431.1	150.0	64.0	97.3	51.3	93.3	57.5	83.2
定海	48	1356.0	150.5	62.3	97.0	48.3	92.4	53.7	84.8
景德镇	50	1799.6	149.4	64.8	97.9	52.8	95.0	67.6	109.8
南昌	52	1609.9	144.9	64.0	97.7	52.3	94.6	65.6	101.0
衢州	52	1688	157.2	65.5	97.7	52.4	94.1	58.9	93.7
温州	51	1708.1	171.8	62.7	97.4	49.1	93.3	77.4	107.8
南城	50	1691.3	164.9	63.0	97.5	51.0	94.1	56.8	95.5
南平	52	1670.0	162.8	64.2	97.5	50.9	93.7	58.8	87.2
福州	46	1372.1	149.1	58.9	96.8	46.1	92.7	52.1	97.8
永安	52	1484.6	154.4	62.4	97.4	49.6	93.4	60.3	75.3
河池	48	1509.8	162.5	55.9	96.4	41.6	91.9	63.8	91.9
韶关	52	1566.5	158.0	62.0	97.3	49.4	93.5	58.2	85.9
厦门	45	1255.1	121.6	57.5	97.3	45.9	94.0	49.1	109.3
百色	52	1090.0	125.0	54.0	96.5	41.9	92.4	58.3	87.3

续表

站名	统计资料年数/a	平均年降雨量/mm	平均年降雨次数/次	2mm 以上降雨占总降雨的比例		4mm 以上降雨占总降雨的比例		1年一遇日降雨量/mm	2年一遇日降雨量/mm
				次数比例/%	降雨量比例/%	次数比例%	降雨量比例%		
桂平	50	1739.8	174.6	60.9	97.1	47.2	93.1	74.7	103.8
梧州	52	1484.4	157.3	59.2	97.0	46.1	92.9	57.2	101.1
广州	51	1657.2	142.3	61.7	97.7	49.8	94.6	51.8	106.8
河源	50	1954.9	156.1	63.9	98.0	52.1	95.2	88.2	117.1
汕头	52	1587.3	128.6	58.7	97.8	47.4	95.1	72.8	137.5
龙州	50	1331.3	155.7	52.0	96.1	39.9	91.9	68.7	91.6
南宁	52	1310.5	151.1	54.6	96.2	40.9	91.6	62.6	90.3
汕尾	50	1932.3	127.3	61.4	98.3	49.8	96.0	76.0	144.2
钦州	50	2141.3	167.8	59.3	97.8	46.3	94.8	98.7	164.2
阳江	50	2368.7	158.2	59.1	98.2	48.4	96.1	92.6	189.2
海口	52	1678.6	148.4	56.5	97.3	44.5	94.2	79.1	144.8
东方	50	974.9	86.6	52.7	97.2	41.4	94.3	44.1	128.9
琼海	50	2055.1	164.4	58.9	97.6	46.7	94.7	102.6	155.6

3. 径流污染控制

建筑小区内雨水径流污染物主要有 COD、SS 等。径流污染的控制主要通过控制径流量实现。当年径流总量控制率达到 60%～85%时，则外排的径流污染总量也会随着外排径流总量同时减少，径流污染控制率也会相应增加。

4. 雨水资源化利用

雨水资源化利用是源头减排雨水系统的目标之一，其实现途径有两种：土壤入渗和收集回用。前者把雨水转变为小区内的土壤含水，后者把雨水转变为小区内杂用水的一部分。此外，土壤入渗和收集回用又是实现径流总量控制、径流峰值控制、径流污染控制的重要途径。因此，源头减排雨水系统应首先选用土壤入渗设施和收集回用设施。

小区中雨水资源利用能力按式（1－2）表示，其中土壤渗透系数、渗透面积、回用雨水的用户数量和种类是关键影响因素。

$$W_Z=\alpha KJA_St_s+\sum q_in_it_y \tag{1-2}$$

式中 W_Z——雨水资源化利用量，m^3；

α——综合安全系数，一般可取 0.5～0.8；

K——土壤渗透系数，m/s，可按表 1－4 取值；

J——水力坡降，一般可取 1.0；

A_S——有效渗透面积，m^2，可按表 1－5 取值；

t_s——渗透时间，s，按 24h 计，对于渗透池和渗透井，宜按 3d 计；

q_i——第 i 种雨水用户的最高日用水定额，m^3/d，根据《建筑给水排水设计规范》

（GB 50015—2019）和《建筑中水设计规范》（GB 50336—2018）计算；

n_i——第 i 种雨水用户的用户数量，雨水用户种类包括景观、绿化、循环冷却、路面和地面冲洗、冲厕、汽车冲洗、消防等用水；

t_y——用水时间，一般取 2.5d，当雨水主要用于小区景观水体，并且作为该水体主要水源时，可取 7d 甚至更长时间，但需同时加大蓄水容积。

表 1-4　　土壤渗透系数

地层	地层粒径		渗透系数 K	
	粒径/mm	所占重量/%	m/s	m/h
黏土	—	—	$<5.7\times10^{-8}$	—
粉质黏土	—	—	$5.7\times10^{-8}\sim1.16\times10^{-6}$	—
粉土	—	—	$1.16\times10^{-6}\sim5.79\times10^{-6}$	0.0042～0.0208
粉砂	>0.075	>50	$5.79\times10^{-6}\sim1.16\times10^{-5}$	0.0208～0.042
细砂	>0.075	>85	$1.16\times10^{-5}\sim5.79\times10^{-5}$	0.042～0.208
中砂	>0.25	>50	$5.79\times10^{-5}\sim2.31\times10^{-4}$	0.208～0.832
均质中砂	—	—	$4.05\times10^{-4}\sim5.79\times10^{-4}$	—
粗砂	>0.50	>50	$2.31\times10^{-4}\sim5.79\times10^{-4}$	—

表 1-5　　有效渗透面积计算

序号	设施的渗透面形状	渗透面积计算
1	水平渗透面	水平投影面积
2	竖直渗透面	有效水位高度所对应的垂直面积的 1/2
3	斜渗透面	有效水位高度的 1/2 对应的斜面实际面积
4	埋入地下的渗透设施的顶面	不计面积

二、设计要点

1. 源头减排雨水系统的组成

源头减排雨水系统采用的技术主要有：渗、滞、蓄、净、用、排。

根据雨水径流的去向，源头减排雨水系统的主要技术可归纳为三类：雨水（土壤）入渗、雨水回收利用、雨水调蓄排放。入渗和收集回用把雨水转化为水资源由小区就地利用，调蓄排放是把雨水储存后向建筑小区外缓慢地排出，甚至全部在雨后排出，具有控制径流峰值的功能，但不能使雨水资源化。

入渗、回收利用、调蓄排放都需要首先收集并储存雨水径流。源头减排雨水系统的主要构成如图 1-1 所示。此外，超过源头减排雨水系统处

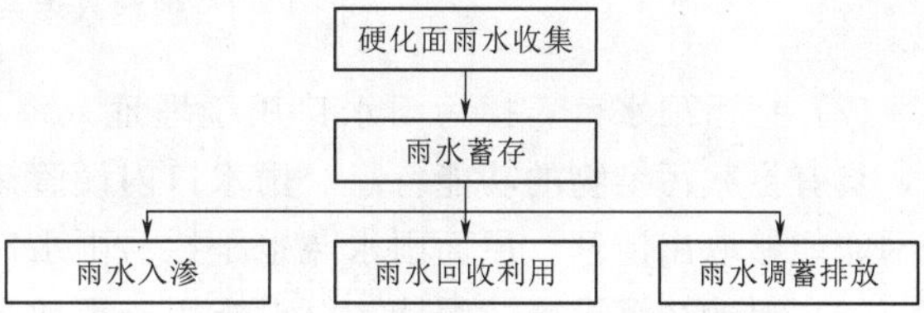

图 1-1　源头减排雨水系统的主要构成

置能力的多余（溢流）雨水仍需要设置传统的排水管道排除到建筑小区之外。

各类技术在源头减排雨水系统中的功能见表 1-6。

表 1-6　源头减排雨水系统各技术的功能

技术分类	径流总量控制	径流峰值控制	径流污染控制	雨水资源化
雨水入渗	●	●	●	●
雨水收集回用	●	●	●	●
雨水调蓄排放	○	●	◎	○

注　●—优先选用；◎—可选用；○—不推荐。

2. 雨水入渗系统

（1）入渗系统的构成。雨水入渗系统可分为地面入渗和埋地入渗两种类型。地面入渗系统的构成如图 1-2 所示，一般由土建或景观专业设置完成，其雨水的收集和导入一般采用地面标高差的方式。埋地入渗设施埋设于地下，其雨水收集多采用拦污雨水口，并用埋地管道输送雨水，埋地入渗设施的入口要配置泥水分离。埋地入渗系统的构成如图 1-3 所示，其中图 1-3（a）中入渗设施一般采用穿孔管外敷卵石层或者采用塑料模块；图 1-3（b）中渗透—排放管沟为穿孔排水管外敷卵石层，且小区内不再另外敷设雨水排水管道。一般由给水排水专业设置完成。

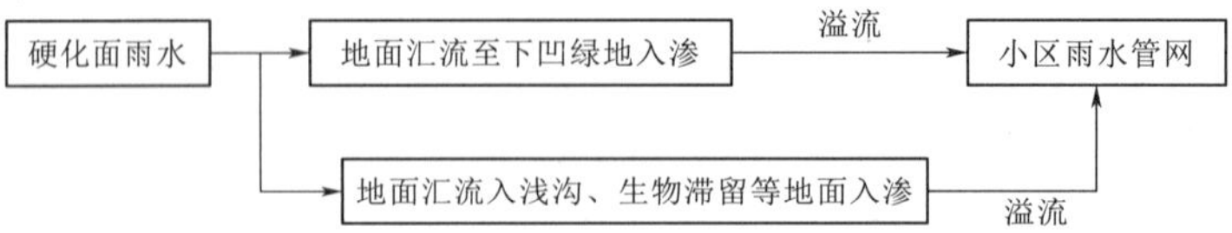

图 1-2　地面入渗系统的构成

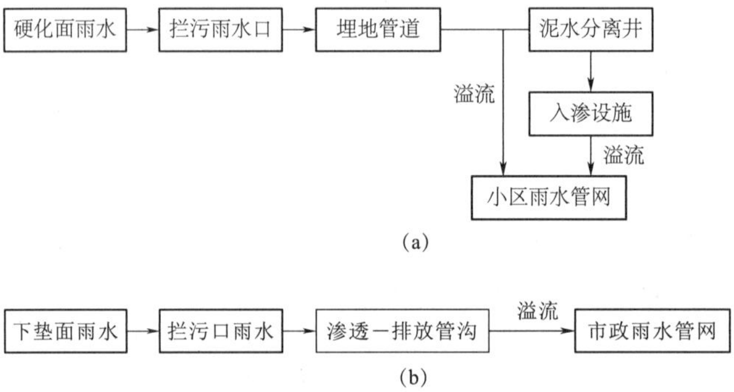

图 1-3　埋地入渗系统的构成

（2）拦污雨水口。拦污雨水口用于埋地入渗系统中。拦污雨水口和传统的雨水口相比，具有拦截污染物的功能特点。雨水口内设筐篮或网兜，拦截雨水中的固体物质。筐篮或网兜能够取出清理。屋面雨水斗也是拦污雨水口的一种。

（3）泥沙初沉设施。泥沙初沉设施用于埋地入渗系统中，其作用是把泥沙等固体物从雨水中分离出来，减少埋地入渗系设施内的沉积。泥沙初沉通常采用成品设备。

（4）入渗设施。入渗设施或设备多种多样，详情可参考表1－7。

表1－7　　入渗设施或设备一览表

<table>
<tr><th>入渗方式</th><th>入渗设施或设备</th><th>能否承担客地雨水</th><th>水蓄存空间</th><th>渗透面</th></tr>
<tr><td rowspan="7">地面生态入渗</td><td>下凹绿地</td><td rowspan="7">能</td><td rowspan="2">下凹部分的容积</td><td rowspan="2">水平投影面</td></tr>
<tr><td>地下室顶板下凹绿地</td></tr>
<tr><td>植被浅沟或洼地</td><td rowspan="3">植草地面上方四周壁围起的溶剂</td><td rowspan="4">地面和侧边斜面</td></tr>
<tr><td>高坛渗透</td></tr>
<tr><td>生物滞留</td></tr>
<tr><td>渗透池塘、旱塘</td><td>溢流口下方池容积</td></tr>
<tr><td>硅砂树池</td><td>树坑容积</td><td>水平投影面</td></tr>
<tr><td rowspan="5">地面入渗</td><td>透水砖路面</td><td rowspan="5">否</td><td rowspan="5">蓄存自身降雨量的70%左右
（常年最大日降雨量）</td><td rowspan="3">基层下的土壤面</td></tr>
<tr><td>透水混凝土路面</td></tr>
<tr><td>地下室顶板透水铺装</td></tr>
<tr><td>嵌草砖路面</td><td>嵌草土壤面</td></tr>
<tr><td>绿化屋面</td><td>屋顶土壤面</td></tr>
<tr><td rowspan="8">埋地入渗</td><td>渗透管沟</td><td rowspan="8">能</td><td>卵石缝隙和管道容积</td><td rowspan="5">沟底面和侧面</td></tr>
<tr><td>塑料模块渗透沟</td><td>模块内容积</td></tr>
<tr><td>地下室顶板渗透沟</td><td>模块内容积</td></tr>
<tr><td>渗透管排放</td><td>溢流排水位之下的卵石缝隙和管道容积</td></tr>
<tr><td>渗透排水沟</td><td>溢流排水位之下的卵石缝隙和排水沟容积</td></tr>
<tr><td>渗透井</td><td>进水管内底之下的井容积</td><td>井底和井壁</td></tr>
<tr><td>塑料模块渗透池</td><td>进水管内底之下的池容积</td><td rowspan="2">池底和侧壁</td></tr>
<tr><td>硅砂砌块渗透池</td><td>进水管内地之下的池容积</td></tr>
</table>

3．雨水收集回用系统

（1）湿塘或景观水体蓄存雨水。以湿塘或景观水体为蓄存雨水设施的系统构成如图1－4所示。其中图1－4（a）中的湿塘或水体既是蓄存设施，又是雨水的用户，蓄存的雨水用于补充蒸发耗水和边壁渗水，替代水体的补水。图1－4（b）的系统构成要复杂些，当景观水体还蓄存绿地浇灌和路面浇洒用水时采用。植草沟和卵石沟可净化或渗透初期雨水，替代弃流设施，应优先采用。当无条件设置植草沟或卵石沟等生态预处理设施时，应设弃流装置。蓄存设施的前端设有前置塘时，可不设初级过滤单元。

湿塘或景观水体的水质应保持优先选用生态净化，种植水生植物。其次采用机械净化处理设备。雨水的水质净化应主要由水质维持或水质处理设施完成，不推荐在水体上游另建蓄存池单独设置水质净化机械处理。

湿塘或景观水体的有效蓄存容积为设计水位和溢流水位之间的容积。

（2）雨水用于绿地和路面浇洒时的系统构成。较多的小区雨水只回用于浇洒绿地和路面，且雨水原水较洁净，这时可采用较简单的系统流程，如图1－5所示。这种系统不设

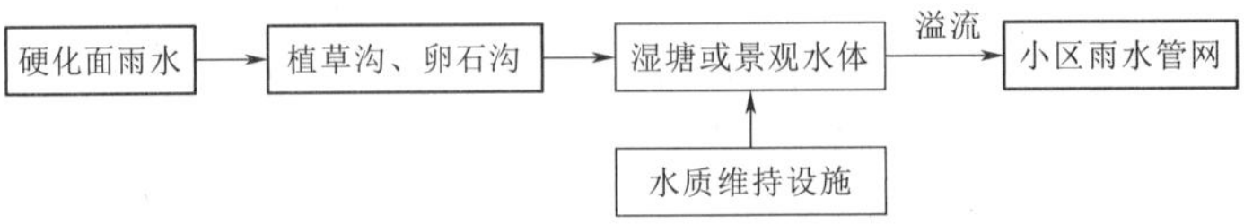

(a)

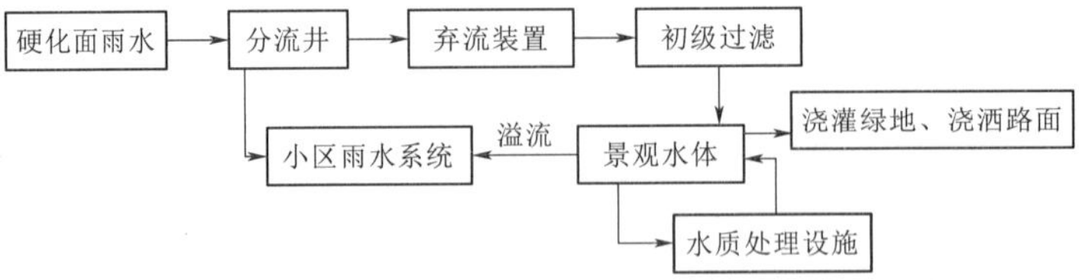

(b)

图 1-4　湿塘或景观水体蓄存雨水

雨水清水池（箱），雨水随时取用随时净化处理。其中图 1-5（a）采用管道过滤器处理，过滤器为筛网结构，过滤快；图 1-5（b）使用硅砂砌块过滤处理。流程中也往往不设消毒工艺。需要注意的是，图 1-5（a）中的雨水蓄存池（罐）中的取水口应尽量随水位浮动，吸取上清液。

图 1-5（a）中的雨水蓄存池（罐）可采用埋地的钢筋混凝土水池、塑料模块组合水池、玻璃钢水罐等。对于单户住宅，雨水蓄存设施一般摆放在地面上，采用雨水罐。当对埋地雨水蓄水池（罐）设置自来水补水时，补水口应高于地面，避免地面积水时被雨水浸泡。

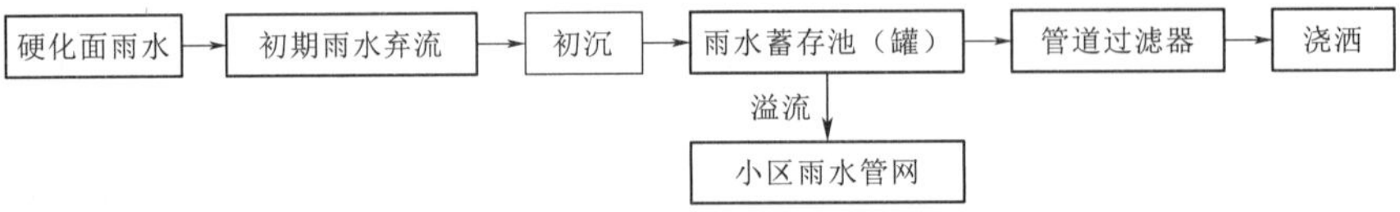

(a)

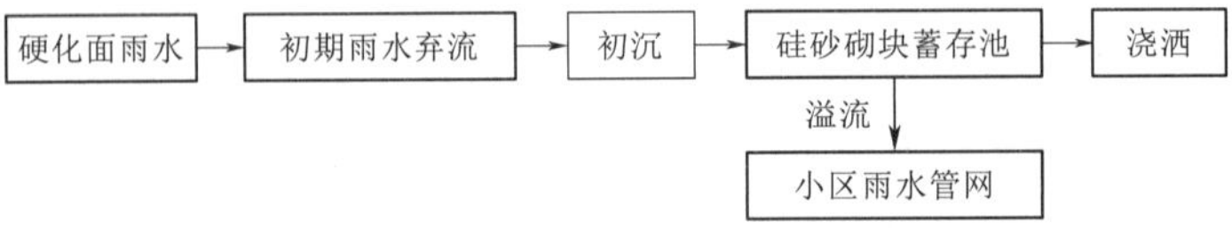

(b)

图 1-5　雨水用于浇洒形式

（3）回用雨水有可能与人体接触时的系统构成。当雨水回用于空调冷却塔补水、汽车冲洗、冲厕等用水时，雨水存在与人体接触的可能，水质要求较严，系统构成如图 1-6 所示。系统中必须设置雨水消毒，并应在水质净化处理上游投加絮凝剂，提高 COD 去除率。水质净化处理一般采用石英砂过滤或气浮。对于水质要求特别高的用户，可再增设深度处理装置。

图 1-6（a）中的雨水蓄存池（罐）可采用埋地的钢筋混凝土水池、塑料模块组合水池、玻璃钢水罐等。若蓄存雨水的停留时间较长，需要采取水质保持措施。

图中省略了收集雨水的拦污雨水口，其设置要求与前述内容相同。

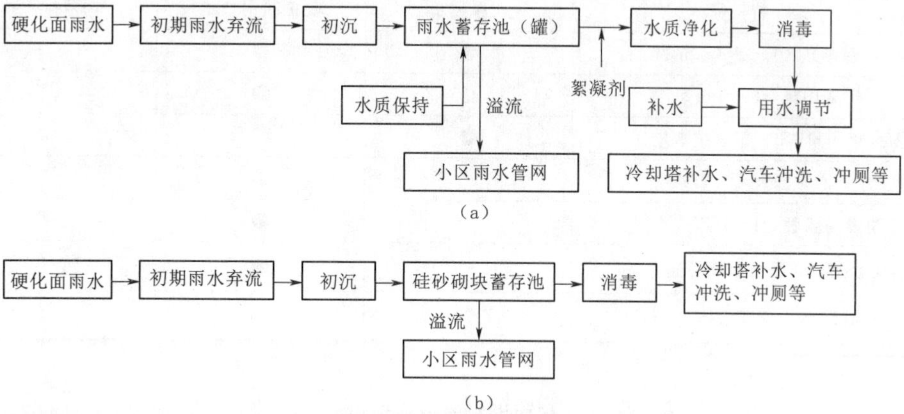

图 1－6　雨水用于杂用水形式

4. 雨水调蓄排放系统

（1）水体、坑塘调蓄。建筑小区中的调蓄排放设施应首先利用自然水体、坑塘、洼地等，并对其进行保护，并尽量利用植草沟、卵石沟等生态设施净化、转输雨水，减少外排雨水中的污染物。系统构成如图 1－7 所示。

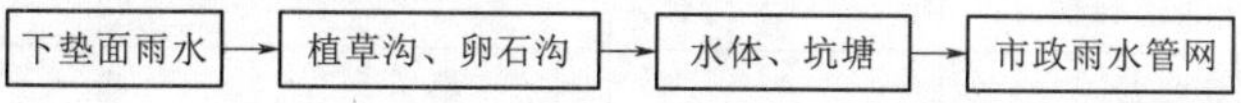

图 1－7　水体、坑塘调蓄排放系统

（2）埋地蓄水池调蓄。建筑小区中往往没有设置水体、坑塘的条件，这时需要建造埋地调蓄水池，蓄存雨水，系统构成如图 1－8 所示。当有条件设置植草沟、乱石沟等转输、净化雨水时，应替代途中的拦污雨水口、管道输送和初期雨水弃流单元。雨水调蓄池（罐）埋于地下，可采用钢筋混凝土、塑料模块拼装、玻璃钢雨水罐储水单元等。

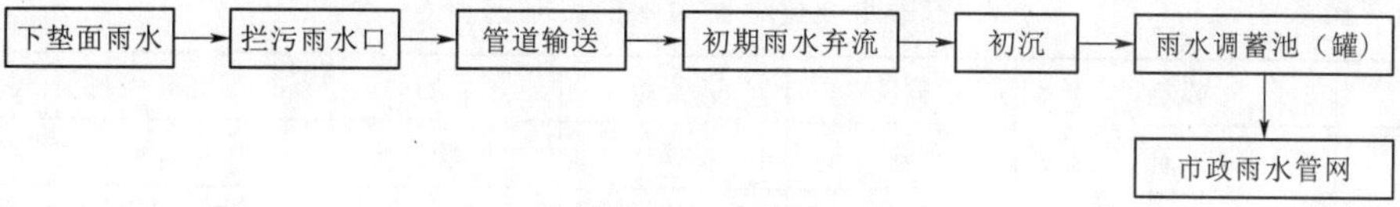

图 1－8　埋地蓄水池调蓄排放系统

（3）雨水管线与蓄存设施的连接方式。雨水管线和雨水蓄存设施的连接可采用串联方式或并联方式，如图 1－9 所示。

5. 设施选用

（1）技术选用。技术选用情况见表 1－8。

（2）屋面雨水的设施选用。屋面雨水可选用设施见表 1－9。

（3）硬化地面雨水的设施选用。硬化地面雨水可选用设施见表 1－10。

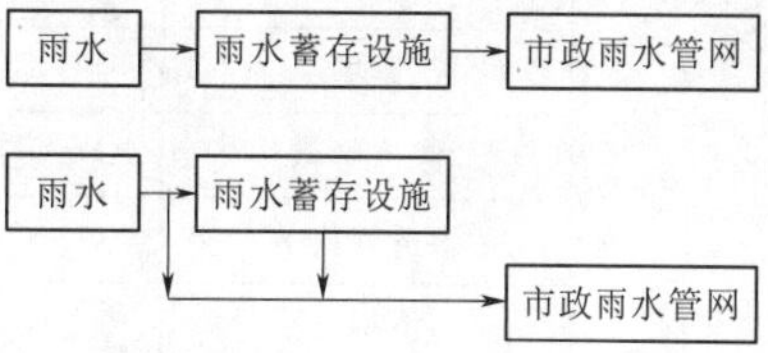

图 1－9　雨水管线与蓄存设施的连接方式

表 1-8　　源头减排雨水系统技术选用表

场地特征	入渗技术	收集回用技术	调蓄排放技术
年降雨量 400～800mm	●	◎	○
年降雨量≥800mm	◎	●	◎
雨水年用量≤3%年总用水量	●	○	◎
地下水位深度≤1.0m	○	●	◎
土壤渗透系数≤1×10^{-6}m/s	○	●	◎
湿陷性黄土、膨胀土和高含盐土等	×	●	◎
有湿塘或景观水体	◎	●	◎

注　●——优先选用；◎——可选用；○——不推荐；×——禁止选用。

表 1-9　　屋面雨水的设施选用

技术	设施	单户住宅	多层、高层住宅	公建	大型屋面
收集回用	地上储水罐	●	◎	◎	○
	湿塘、景观水体	●	●	●	●
	蓄水池	○	◎	●	●
	植草沟转输	◎	●	●	●
	弃流+管道转输	◎	◎	◎	◎
入渗	断接排放	◎	●	●	●
	生态入渗	◎	●	●	●
	埋地入渗	○	○	◎	◎
调蓄排放	湿塘、景观水体	○	●	●	●
	埋地调蓄池	○	◎	◎	◎

注　●——优先选用；◎——可选用；○——不推荐。

表 1-10　　不透水硬化地面雨水的设施选用

技术	设施	庭院	人行道	广场	行车道路	停车场
入渗	透水铺装	●	●	●	◎	◎
	嵌草砖铺装	●	◎	◎	◎	●
	下凹绿地	●	●	●	●	●
	植草沟	●	●	●	●	●
	植草洼地	◎	●	●	●	●
	生物滞留	◎	◎	●	●	●
	旱塘	◎	●	●	●	●
	渗透管沟	○	◎	●	○	○
	渗透管排放	○	◎	●	○	○
	渗透井	○	◎	◎	○	○
	渗透池	○	○	◎	○	○

续表

技术	设施	庭院	人行道	广场	行车道路	停车场
收集回用	输水植草沟	●	●	●	○	○
	卵石沟	●	●	●	◎	○
	湿塘、水体	●	●	●	◎	○
	埋地水池（罐）	◎	◎	◎	○	○
调蓄排放	湿塘、景观水体	○	●	●	●	●
	埋地调蓄池	○	◎	◎	◎	◎

注　●—优先选用；◎—可选用；○—不推荐。

三、任务解析

1. 任务引入

随着我国城市化进程的加快，水资源短缺、城市内涝、径流污染、生态环境恶化等问题愈加凸显。国务院《关于加强城市基础设施建设的意见》、国务院办公厅《关于做好城市排水防涝设施建设工作的通知》和住房和城乡建设部（简称住建部）《海绵城市建设技术指南——低影响开发雨水系统构建（试行）》印发以来，各有关方面积极贯彻新型城镇化和水安全战略的有关要求，有序推进海绵城市建设工作，在有效防治城市内涝、保障城市生态安全等方面取得了积极成效。2015—2016 年，由财政部、住建部、水利部联合开展的两批海绵城市建设试点评审中，共有 30 座城市成为国家试点，先行获得国家财政亿元支持，重点解决城市建设中的水环境、水生态和内涝问题。自此，全国各地掀起了海绵城市建设热潮，积极开展投资、规划工作，绘制绿色城市的美好蓝图，生态和谐社会建设形势一片大好。

而要使规划蓝图落地实施，达到雨水控制目标，使海绵城市这种科学的城市发展方式真正发挥经济效益、社会效益及生态效益，首先需要解决的问题就是确定城市的雨水资源利用潜力（即雨水控制管理与利用的任务量），从而有针对性地解决水资源供需矛盾，为后续各类海绵细胞设计提供具体的数据支撑和建议支持。本设计计算任务以开封市为例，以期为海绵城市规划方案落地生根提供数据支持，为满足城市水资源可持续利用的现实需求及水资源多元供给体系建设提供有益参考。

传统土地开发模式下：表土层被大量硬质化，降雨无法下渗进入土壤层，在很短的时间内形成地表径流，通过市政管道迅速汇入河道。随着降雨历时的持续，地表径流量不断增加，河道水量迅速增长，在短时间内即达到较大的洪峰流量。

海绵城市设计的主旨就是，要维持土地开发前后的水文特征基本不变，如地表产流量、地表汇流时间、汇流流量、流速、洪峰大小、峰现时间等。同时，通过与市政管网的对接，与城市所在流域水系的连通，保障城市防洪排涝安全。通过蓄滞雨水，补充地下水，提高城市水资源存储量，缓解用水压力。

2. 设计依据

本设计计算任务主要依据和参考的规范、标准等文件有：

(1)《海绵城市建设技术指南——低影响开发雨水系统构建（试行）》。

(2)《海绵城市建设评价标准》(GB/T 51345—2018)。

(3)《海绵城市雨水控制与利用工程设计规范》(DB 11/685—2021)。

(4)《建筑与小区雨水控制及利用工程技术规范》(GB 50400—2016)。

(5)《开封市海绵城市建设实施导则》等。

3. 设计目标

(1) 根据影像数据及相关标准规范，计算研究区的综合径流系数。

(2) 按照研究区降雨径流年控制率目标，计算雨水控制管理利用总任务量。

(3) 绘制不同场景下雨水控制管理利用框架流程图。

4. 设计思路

海绵城市建设工程涉及多种海绵设施，每种海绵设施的规模确定、参数设计都需要首先明确其雨水控制管理利用的任务量。在海绵城市雨水控制管理利用任务量计算过程时，涉及“综合径流系数”“年径流总量控制率目标”及其对应的“设计降雨量”等重要参数。其中，“年径流总量控制率目标”和“设计降雨量”可通过规范图表查询获得，“综合径流系数”可通过加权平均的方式计算获得。使用加权平均计算法计算“综合径流系数”时，需要有详细的下垫面类型及其面积数据作支持。通常在解决这一问题时，我们可以将城市下垫面简单分为透水地面（绿地）、不透水地面和水域 3 大类，但在细节上并不符合城市下垫面实际情况。如，城市不透水地面包括不透水路面和不透水屋面，二者虽均不透水，可以作为汇水、集水面，但在确定初期弃流量时却因受污染程度不同需要区别对待。再如，城市透水地面包括植被覆盖面和非植被覆盖面，二者虽均可透水，降雨时雨水可直接渗入地下进入土壤持水层或地下含水层，但植被覆盖区易滞留雨水，需考虑植被截留量，而非植被覆盖区在略强降雨时便能产生地表径流。因此，我们首先需要厘清下垫面的分类及其对雨水的处理原则问题。

本设计计算任务主要分为三个阶段：

(1) 下垫面分类及雨水处理方式分析，综合径流系数计算。

(2) 雨水控制管理利用任务量计算及任务分解。

(3) 雨水控制管理利用流程图绘制（不同应用场景下）。

5. 工程概况

开封市属于资源型缺水城市，本地区的水资源远远不能满足城市经济社会发展对水量、水质的需求，长期依靠引用黄河水弥补本地区的水资源赤字。随着经济社会发展和郑汴一体化城市化进程的加快，城市用水量持续增加，污水排放量也在不断增长，水资源供需矛盾更加突出。地表水可供水量非常有限，引黄水有严格的总量控制，地下水也不能过度开采，充分利用城市雨水资源是一条既经济快捷又广泛有效的途径。雨水资源化不仅可以解决城市水资源危机，还会带来诸如涵养地下水、缓解和恢复地面沉降、调节气候、净化空气、强化城市绿化、改善城市环境、改变城市排水系统、防治雨洪灾害等一系列生态环境效应。通过对高清影像进行解译，获得开封市 2013—2017 年间 144.6km^2 建成区范围内的土地覆被数据（表 1-11）。

表 1-11　开封市建成区土地覆被解译结果（2013—2017 年）

年份	硬化地面/km^2	植被面积/km^2	水域面积/km^2	合计/km^2
2013	104.49	38.55	1.56	144.60
2014	106.62	33.75	4.23	144.60
2015	108.37	32.35	3.88	144.60
2016	116.31	24.34	3.95	144.60
2017	119.86	20.93	3.81	144.60

6. 设计要点和理论模型

（1）下垫面分类。城市下垫面的地形、地貌、产汇流条件及水文效应等比较特殊，下垫面的组成状况直接或间接地影响降雨径流量、蒸发量、入渗量等水量平衡要素。

（2）计算模型。城市雨水资源利用潜力 Q 由三部分组成，分别是不透水下垫面雨水资源利用潜力 Q_1、透水下垫面雨水资源利用潜力 Q_2、水域下垫面雨水资源利用潜力 Q_3。

其中：

$$Q_1=\sum_{i=1}^{m}(R_i-R_k)\times S_1\times 1000 \tag{1-3}$$

式中　R_i——过程降雨量，mm；

R_k——降水损失和初期弃流的降水量，城市不透水下垫面可取 4～6mm，当 $R_i\leqslant R_k$ 时，R_i-R_k 取 0，即该次降水不具备资源化潜力；

m——某一时段内降水次数，可选 1 年；

S_1——城市不透水下垫面的总面积，km^2。

$$Q_2=\sum_{i=1}^{m}(R_i-R_a)\times S_2\times 1000 \tag{1-4}$$

式中　R_i——过程降雨量，mm；

R_a——植被截流量，取 0.3mm。当 $R_i\leqslant R_a$ 时，(R_i-R_a)取 0；

S_2——城市透水下垫面的总面积，km^2。

$$Q_3=R\times S_3\times 1000 \tag{1-5}$$

式中　R——某时段的总降水量，mm；

S_3——城市水域下垫面的面积，km^2。

$$Q_t=\sum_{i=1}^{m}(R_i-r_a)\times S\times 1000 \tag{1-6}$$

式中　R_i——过程降雨量，mm；

r_a——临界降雨量，即一次降雨过程中城市所能容纳的最大降雨量，取 50mm，当 $R_i\leqslant r_a$ 时，R_i-r_a 取 0，即该次降雨水资源均能被利用；

m——某一时段内降雨过程次数；

S——为城市实施雨水资源化的总面积，km^2，$S=S_1+S_2+S_3$。

城市雨水资源利用可能潜力计算公式为：　$Q_s=Q_1+Q_2+Q_3$　(1-7)

城市雨水资源利用现实潜力计算公式为：　$Q_e=Q_s-Q_t$　(1-8)

(3)开封市雨水资源利用潜力(雨水控制管理利用任务量)计算。根据下垫面分类及统计数据，利用上述计算模型，完成开封市雨水资源利用潜力(雨水控制管理利用任务量)计算任务表。

(4)绘制雨水控制管理利用流程图。单独的城市海绵细胞不足以高效控制城市的雨水资源，因此，可综合利用雨水的入渗、收集回用及调蓄排放技术，将不同类型的海绵细胞连接起来，形成符合海绵视角下的城市雨水链。雨水从降落到城市下垫面开始，从一个海绵细胞到另一个海绵细胞，从一个雨水管理项目到另一个雨水管理项目，在缓慢的径流量过程中达到入渗、净化、储蓄、利用等目的。

四、工作实施

1. 下垫面分类

(1)__________、__________、__________、__________、__________等，这类不透水下垫面是城市地表的主要汇水、集水面，在计算雨水资源利用潜力时，不仅要考虑填洼、蒸发等降水损失，还要考虑初期雨水径流中所含的COD、重金属、挥发酚等污染物，对不同污染程度和污染类别的硬质地面进行有针对性的____________________初期雨水__________和__________处理。

(2)__________、__________、__________、__________、__________等有植被覆盖的下垫面，扣除植被截流或径流后的降雨量均可直接下渗__________或者__________，而裸露地面和透水铺装类的透水下垫面则需考虑__________或者__________等降雨损失。

(3)__________、__________、__________、__________等城市水域下垫面上的降水可以完全直接转化为水资源，但这些水域下垫面也有可能接受不透水下垫面或透水下垫面的地表径流或地下径流补给，应采取相应的处理措施，避免造成污染。

(4)每次降水过程中，不透水下垫面、透水下垫面、水域下垫面这三类下垫面之间可能会出现雨水资源交换现象。园林绿地出现径流时，雨水资源可能会流向__________、__________；居民区、厂矿等建筑集水面上的雨水资源也可能流进__________或__________。但不同类别下垫面之间的雨水资源交换只是城市内部雨水资源的异地利用，雨水资源的可利用总量并没有减少。因此，可先分别计算以上三类下垫面的雨水资源可利用量，汇总后即可得到城市雨水资源利用潜力。

(5)城市在充分利用雨水资源的同时，还应考虑城市内涝灾害的风险，当暴雨条件下出现内涝时，需利用城市排水管网排掉多余雨水，超过城市最大降水容纳能力的这部分雨水称为__________，不在利用潜力计算范围内。

(6)厘清各部分间的关系，填入表1-12，其中，“不可控制雨量填空”指的是截留、蒸发、初期弃流、临界雨量等。

表 1-12　　海绵城市下垫面雨水控制管理利用关系表

总目标	一级分类	二级分类	类别举例	不可控制雨量
城市雨水资源利用潜力 Q	不透水下垫面雨水资源利用潜力 Q_1	植被覆盖面		
		非植被覆盖面		
	透水下垫面雨水资源利用潜力 Q_2	重污染下垫面		
		轻污染下垫面		
	水域下垫面雨水资源利用潜力 Q_3	雨水资源		

2. 计算模型

(1)查询《海绵城市建设技术指南——低影响开发雨水系统构建(试行)》附录 F“我国大陆地区年径流总量控制率分区图”，开封市位于______区，年径流总量控制率为________________，根据开封市雨水资源利用现状，本次设计计算时取值为________。

(2)计算不透水下垫面雨水资源利用潜力 Q_1 时，$\sum_{i=1}^{m}(R_i - R_k)$ 数据需要以全年各次降雨量数据为支撑，经统计后，2013—2017 年的全年有效降雨量分别为 409.7mm、645.2mm、764.8mm、424.3mm、529.6mm，则 2013—2017 年研究区不透水下垫面雨水资源利用潜力 Q_1 分别为__________、____________、____________、____________、__________。同理，透水下垫面雨水资源利用潜力 Q_2 分别为__________、__________、__________、__________、__________。水域下垫面雨水资源利用潜力 Q_3 分别为__________、__________、______________、__________、__________。

(3)三类下垫面雨水资源利用潜力之和为研究区雨水控制管理利用任务量的理论值，但是，城市在充分利用雨水资源的同时，还应考虑城市内涝灾害的风险，当暴雨条件下出现内涝时，需利用城市排水管网排掉多余雨水。超过城市最大降水容纳能力的这部分雨水称为临界降水量，不在利用潜力计算范围内。根据全年降雨量数据，按照公式(1-6)计算临界雨量(即暴雨时无法控制需要通过市政管网排放的雨量)，2013—2017 年的临界雨量分别为__________、__________、__________、__________、__________。

3. 开封市雨水资源利用潜力(雨水控制管理利用任务量)计算

按照控制率标准，完成开封市雨水资源利用潜力计算结果表(表 1-13)。

表 1-13　　开封市雨水资源利用潜力计算结果

年份	R/mm	Q_1/m^3	Q_2/m^3	Q_3/m^3	Q_s/m^3	Q_t/m^3	Q_e/m^3	Q/m^3
2013	409.7							
2014	645.2							
2015	764.8							
2016	424.3							
2017	529.6							

4. 绘制雨水控制管理利用流程图

根据城市雨水利用潜力年际变化规律及其与下垫面的关系，可以使用不同的下垫面优化措施。如透水地面可采用增加植被覆盖率，建设下凹式绿地、植草沟、雨水花园等方式，增加雨水渗透的空间，对雨水形成滞蓄作用，在缓慢的渗透过程中，对雨水进行净化。不透水下垫面可采用绿色屋顶、绿植墙面、阳台花园等方式滞蓄或净化利用雨水，或可在住宅小区内、城市道路旁等适合的位置设置地下蓄水模块。水域下垫面可注重人工湿地、生态堤岸、生态浮岛、城市景观等细胞建设。所有汇聚集蓄的雨水，可在干旱季节或需要用水的季节取用，以完成“海绵释水”，用于城市绿植养护、道路清洗、车辆冲洗、城市景观水体建设等。可依据已理解掌握的知识，结合对城市不同场景雨水径流特征的观察和对相关雨水问题的思考，初步设计雨水径流路径，绘制“雨水链”流程图并阐述设计思路。设计过程中可参考《海绵城市雨水控制与利用工程设计规范》(DB 11/685—2021)和《建筑与小区雨水控制及利用工程技术规范》(GB 50400—2016)，可针对具体场景开展活动。

(1)建筑与小区雨水控制管理利用“雨水链”设计图。

(2)城市道路广场雨水控制管理利用“雨水链”设计图。

(3)城市公园绿地雨水控制管理利用“雨水链”设计图。

(4)城市河湖水系雨水控制管理利用“雨水链”设计图。

五、提交成果

1. 设计计算书。

请将本设计计算过程写在空白处。

2. 请绘制建筑与小区雨水控制管理利用“雨水链”设计图，并阐述思路。

3. 请绘制城市道路广场雨水控制管理利用“雨水链”设计图，并阐述思路。

4. 请绘制城市公园绿地雨水控制管理利用“雨水链”设计图，并阐述思路。

5. 请绘制城市河湖水系雨水控制管理利用“雨水链”设计图，并阐述思路。

任务二　透水铺装设计

一、知识清单

1. 海绵城市关键技术——渗

传统的城市开发中，无论是市政公共区域景观铺装还是居住区景观铺装设计中，多数采用的都是水泥混凝土与沥青混合料等透水性差的材料。这种不透水铺装覆盖了大量的不透水材料，直接阻隔了自然土壤与大气环境之间的联系，导致了城市的生态环境脱离了自然界环境，甚至失去了其自主更新能力，而且这种隔绝状态随着城市化的不断发展，两者之间的差距会越拉越大，城市环境也会不断恶化。

因此，要加强自然的渗透，把渗透放在第一位。增加自然渗透可以减少地表径流，减少从水泥地面、路面汇集到市政管网里的雨水量，同时涵养地下水，补充地下水的不足，还能通过土壤净化水质，改善城市微气候。而渗透雨水的方法是多样的，主要有改变各种路面、地面铺装材料，改造屋顶绿化，增加绿地数量，从源头将雨水留下来然后“渗”下去。

海绵城市关键技术中的“渗”是指将汇水区域收集到的雨量在透水性铺装、渗透槽沟及渗滤井等渗透设施的单独或协同作用下使雨水入渗地下，以此来蓄滞雨洪和补充地下水源的系统工程。渗滤（透）系统鼓励水的向下运动，进入土壤，减少不透水地面的坡面径流和污染物总量。

据我国现大中城市的路面使用情况来看，不透水路面占据非常大的比例，相关统计数据显示北京市和上海市不透水路面面积高达 80%以上。而从国际上来看，在 20 世纪 90 年代的美国、芝加哥、洛杉矶等较大的城市，不透水路面面积也仅在 72.7%，到现在，发达国家主要城市的道路不透水面积都保持在 50%以内。通过这几组数据的对比能够看出，我国城市中不透水面积的比重远远高于西方发达国家，可以通过透水铺装实现雨水渗透。透水铺装被誉为“会呼吸的”地面铺装，本身具有良好的生态效益，并以特有的柔性铺装构造为地面的检修、维护和改造都带来了便捷。透水铺装是海绵城市建设中的一项重要技术，广泛运用在城市道路、广场、停车场等。

2. 透水铺装的定义

透水铺装是指将透水良好，空隙率较高的材料应用于道路面层、基层甚至土基，在保证一定的道路设计强度和耐久性的前提下，能够使雨水顺利进入铺面结构内部，流过具有临时储水能力的基层，直接渗入土基或铺面内部的排水管排出，从而达到雨水渗流地下、减少地表径流的一种铺装形式。

透水铺装对雨水的处理方法与之前的铺装方式采取了截然不同的思想及方法。之前广为采用的不透水铺装都是将雨水尽可能地隔绝在铺装结构层之外，使其在路表面漫流或通过路表汇流集中排入道路两旁排水构造物中。而透水铺装则通过在多层铺装结构中完全使用透水材料，利用其自身多空隙结构的较强渗透能力，将降雨下渗到原地面土壤里或者也可以将降雨暂时存储在铺装结构层的空隙中。由于透水铺装各结构层材料经常是处于潮湿状态或饱和水状态，其铺装结构的整体承载力会受到水的影响而降低，因此现阶段这种铺装结构主要用于停车场、人行道、展会的会展区步行道、城市休闲广场等对承载负荷要求不高的地方。

3. 透水铺装的作用

（1）透水铺装能够使雨水透过地面原有的径流回渗到地下，可以有效地还原、补充地下水，维持地下生态系统平衡，防止地表沉降及路面塌陷。另外可以创造舒适的城市环境，恢复土壤的原有功能，使生物群落，特别是以微生物为食物的动植物群更容易栖息生长，保持自然界生物链的稳定。

（2）雨水通过透水铺装的透水路径将直接下渗到下部土壤，既减轻了城市管网的排水压力又使雨水在下渗的过程中得到了土层的过滤净化，缓解了江河湖海等自然水体因路表径流产生的污染。

（3）透水铺装能够通过土壤有效吸收太阳热和周围环境释放出的其他热量。同时在自然环境温度不断降低时又可以将之前存储的热量放出，很大程度上还原了自然界的恢复能力，缓解了“热岛效应”。

（4）透水铺装通常采用的多孔结构，能有效吸收汽车、摩托车及交通以外环境的各类噪声，能有效改善城市噪声污染。

透水铺装除以上在城市生态环境中表现出极大的优越性之外，还在提高行车安全、节能减排方面发挥了积极的作用。

4. 常见路面铺装结构

（1）普通铺装。普通铺装为了避免降水进入结构内部导致结构层水损，其表面采用不透水材料，降水通过路表漫流或路表汇流方式汇入道路两侧边沟或雨水井等排水设施。

（2）排水性铺装。排水性铺装是指铺装的结构层面层采用透水性材料，而基层采用不透水性材料的铺装形式，这样雨水能进入面层，并在面层里自由流动，并在基层顶从侧向流出的铺装结构形式。

（3）保水性铺装。保水性铺装是指铺装的结构层及面层采用透水并能保水的材料，基层采用不透水材料，面层和基层之间不存在侧向排水，降水既可以通过路表漫流或路表汇流的方式汇入在道路两旁排水设施中，也可以暂时存储在透水、保水的面层结构中。存储在面层结构中的水无法侧向排出，最终只能通过蒸发的形式，回归到大气循环中。

（4）透水性铺装。透水性铺装是在铺装结构层中全部使用透水材料，降水既可以通过路表漫流或路表汇流的方式汇入在道路两旁排水设施中，也可以从铺装结构的最顶面即路表一层层垂直下渗，接入地下水系统，这种做法除了拥有排水性铺装与保水性铺装的一定功能外，还能补充日益稀缺的地下水资源，大暴雨来临时，更有溢洪作用，防止城市局部漫水。

以上四种不同铺装结构对于雨水的处理方式如图 2-1 所示。

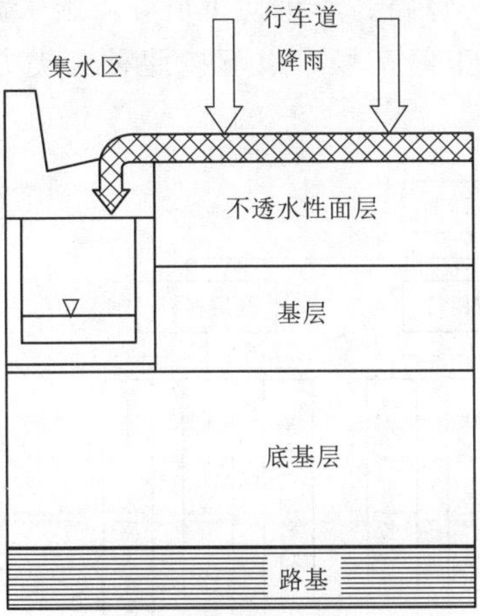

(a) 普通铺装结构

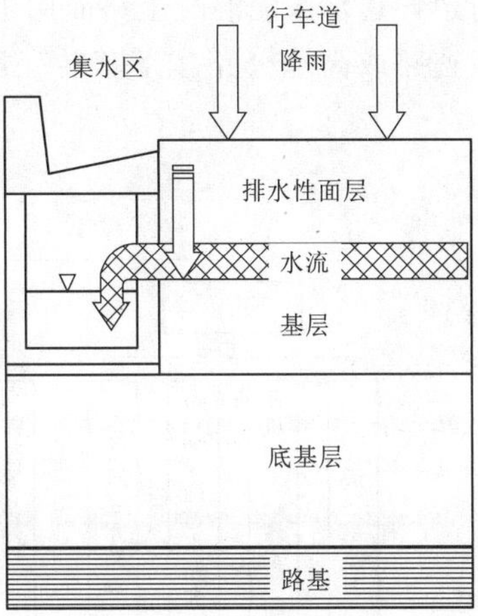

(b) 排水性铺装结构

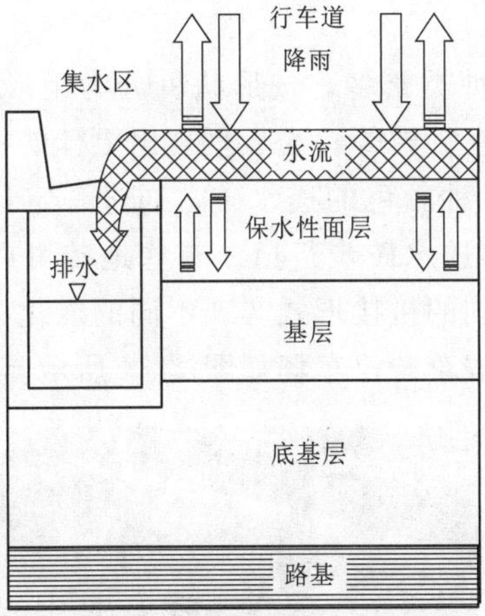

(c) 保水性铺装结构

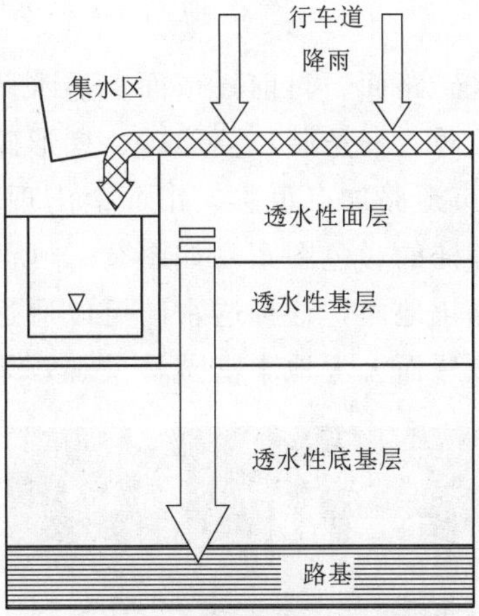

(d) 透水性铺装结构

图 2-1　四种铺装结构对雨水的处理方法

5. 透水铺装的类型

在我国，透水铺装主要用于高速公路、城市道路、园区道路、步行道、停车场、广场等，按不同的分类方式可以将透水铺装分成多种类型，与工程应用联系紧密的分类方式有以下三种，其分类方式结构图如图 2-2 所示。

按透水铺装的用途可分为：人行道透水路面、非机动车道透水路面、机动车道透水路面、停车场透水路面等。此分类的工程意义在于，以上各类路面上作用荷载的类型、大小、频率相差较大，工程应用中可根据不同使用场合来决定透水路面的材料、对路基性能的要求等。

按透水路面的水流路径可分为：基层不透水路面、基层半透水路面和基层全透水路面。

按透水路面的面层材料可以分为：透水砖路面、透水混凝土路面和透水沥青混凝土路面，我国传统的用于园林铺地的鹅卵石地面铺装也是透水性铺装的一种。透水砖路面一般用于道路步行道，透水水泥混凝土路面用于园区道路、非机动车道等，透水沥青混凝土路面用于城市快速路或高速公路，植草砖一般用于停车场。以下按此种分类方法展开具体叙述。

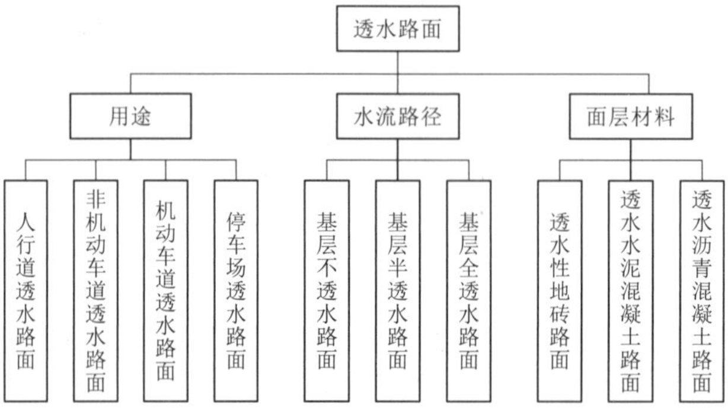

图 2－2　透水路面分类方式结构图

（1）透水砖路面。目前，市面上透水砖的种类繁多，按形状可分为矩形砖、方形砖、缺角砖、嵌角砖、三角砖、菱形砖、梯形砖、互锁砖等，为了呈现出更佳的视觉效果，给“灰色”的城市道路加点色彩，市面上出现了各种颜色的透水砖，通过一定形式拼接。可创造出各种各样的彩色图案，如图 2－3 所示的透水砖步行道。有些地砖可以与绿化相结合，形成半绿化地面，这种透水砖可以通过不同的拼接形式实现不同的绿化比例，创造多种植草效果，从而大大地丰富园林景观效果。嵌草砖停车场如图 2－4 所示。

图 2－3　彩色透水砖步行道

图 2－4　嵌草砖停车场

从产品本身的特性和使用功能上又可将透水砖分为砖体本身透水的透水砖和砖体本身不透水或自身只能渗水或微弱透水的透水砖。自身透水的透水砖比较常见，这类透水砖常用于步行道的铺面。本身不透水的透水砖其透水功能靠铺贴或拼凑组合时砖与砖之间的接缝实现。单体不透水的透水砖是将不同的砖块按一定规格组合粘贴在一起，使雨水从砖缝处渗入地下，达到透水的目的。北京奥林匹克公园中轴路考虑到行走重型车和整体美观的需要，在中间 24m 范围内铺设花岗岩，铺装缝隙采用透水缝隙以达到雨洪利用的目的。

透水砖的材料一般由粗骨料、水泥、砂、水、添加剂等，本着节约资源、变废为宝的环保理念，不少学者开始将目光转向废料市场，包括建筑垃圾、废玻璃、废陶瓷、生活垃圾等，大量研究表明，将上述废料的掺加量控制在一定范围内时，所加工的透水砖完全满足行业需求和使用，同时还会提高某种性能。

（2）透水混凝土路面。透水性混凝土路面实为大孔混凝土，其是采用单一粒级粗骨料，同时严格控制水泥浆用量，使其恰好包裹粗骨料表面，而不致流淌填充骨料间的空隙，这样便在粗骨料颗粒间形成了可透水的较大空隙，透水混凝土样图如图 2-5 所示。透水水泥混凝土通常不加砂，但也可以加入少量砂增加强度。为加大渗透能力，保证路基强度，也可以增加附属排水系统，排水流入城市管网或蓄水系统。透水混凝土路面的施工方法为现场浇筑，如图 2-6 所示。目前多数应用于园林绿地、公园、球场等，如图 2-7 所示为公园里的透水混凝土道路。

图 2-5　透水混凝土样图

图 2-6　透水混凝土路面铺设现场

图 2-7　透水混凝土道路

透水混凝土道路已经在北京奥林匹克公园和上海世博园区等很多实际工程中得到应用，其优良的透水性能和质朴美观的视觉效果，使之成为工程应用领域中的一个亮点，并推动了透水混凝土在我国研究及应用的热潮。

（3）透水沥青混凝土路面。透水沥青混凝土路面采用较大用量的单一粒级粗骨料制成，砂与填料用量较少，属于级配沥青混合料的一种。它只是在路表面采用透水沥青，底面层仍是普通沥青，在底面层两侧增加碎石排水暗沟，渗水通过路面底面层横向流入两侧的排水暗沟中，每隔一定距离在路边设置渗水井，雨水可以通过渗水井渗透到路基以下或统一排到蓄水池中储存起来循环利用。这样就要求底面层施工时一定要控制好道路的横坡，否则沥青路面会有层间水长期存在，会造成道路的破损，透水沥青混凝土面层的施工现场如图 2-8 所示，透水沥青混凝土道路如图 2-9 所示。

图 2-8　透水沥青混凝土面层铺设现场

图 2-9　透水沥青混凝土道路

6. 透水铺装的构造

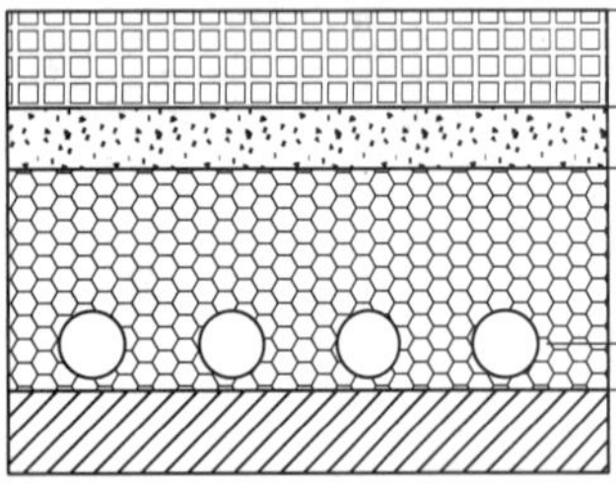

图 2-10　透水铺装路面一般结构

透水铺装路面一般由四部分构成，如图 2-10 所示。

根据荷载大小以及土壤渗透性的不同，所采用的透水铺装结构也有差别。当土基渗透系数大于 10^{-6}m/s，且渗透面距离地下水大于 1.0m，路面用于人行道、非机动车道或者景观硬地时，可以采用基层全透水结构，其各结构层及其功能材料见表 2-1。

表 2-1　透水铺装全透水结构组成要素

结构层	功　能	材　料	备　注
面层	直接承受荷载、透水、储水、抗磨耗、抗滑	透水砖、透水混凝土面层、透水沥青混凝土面层	
找平层	透水、施工找平、连接面层和基层	中砂、干硬性水泥砂浆	当面层结构为透水水泥混凝土，或面层为小尺寸的透水砖时可不设置
基层	主要承受荷载、透水、储水	透水水泥混凝土、透水级配碎石、透水水泥稳定碎石	
底基层	防止渗入路床的水或地下水因毛细现象上升，缓解含水土基冻胀对路面结构整体稳定性影响，同时具有承载、透水作用	透水级配碎石	
垫层	防止渗入路床的水或地下水因毛细现象上升，缓解含水土基冻胀对路面结构整体稳定性的影响	天然砂砾	当土基为透水性能较好的砂性土或底基层材料为级配碎石时，可不设置垫层
土基	吸收、储存结构层下渗水	适宜修建透水人行道的各种土壤	

全基层透水型透水路面不仅面层、基层用透水材料，垫层亦为透水的砂垫层等，土基上方常设透水型土工网格布以提高承载力。雨水沿面层、基层、垫层一路下渗，最后渗入

路基中。透水混凝土路面基层全透水结构典型示意图如图 2-11 所示。我国《透水水泥混凝土路面技术规程》（GJJ/T 135—2009）规定，级配砂砾及级配砾石基层、级配碎石及级配砾石基层和底基层总厚度 h_2 不小于 150mm。

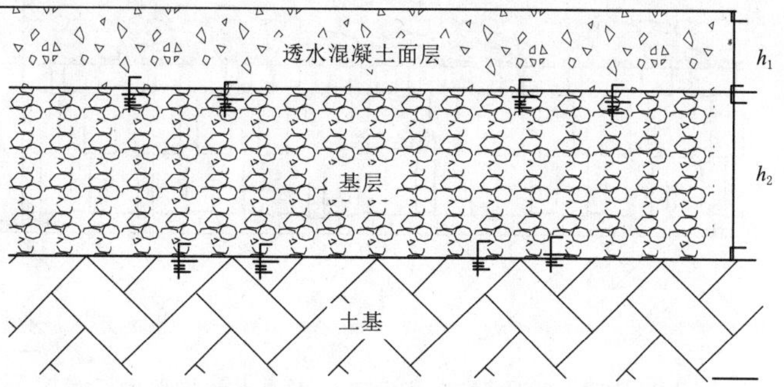

图 2-11　透水混凝土路面基层全透水典型示意图

轴载 4t 以下的城镇道路、停车场、广场、小区道路，可采用基层半透水型透水路面，此类路面不仅面层为透水材料，基层亦为透水性好的级配碎（砾）石等，垫层则为沥青砂等不透水材料，土基上方常加设非透水性防渗土工布。雨水依次透过面层、基层后，沿不透水垫层的顶面排出路基之外，路基亦不受路面渗水的影响。透水混凝土路面基层半透水结构典型示意图如图 2-12 所示。我国《透水水泥混凝土路面技术规程》（GJJ/T 135—2009）规定，稳定土基层或石灰、粉煤灰稳定砂砾基层和底层总厚度 h_2 不小于 180mm。

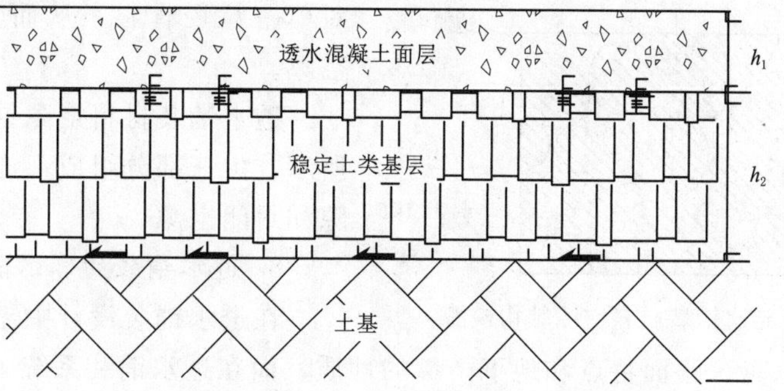

图 2-12　透水混凝土路面基层半透水典型示意图

轴载 6t 以下的城镇道路、停车场、广场、小区道路，应采用基层不透水排水结构，另外，对于湿陷性黄土、盐渍土、砂性土也应采用基层不透水结构，同时设置排水措施。基层不透水路面仅面层使用透水材料，基层采用不透水材料。雨水透过面层后，沿不透水基层顶面直接排出路基之外，路基不受路面渗水的影响。透水混凝土路面基层不透水结构典型示意图如图 2-13 所示。我国《透水水泥混凝土路面技术规程》（GJJ/T 135—2009）规定，水泥混凝土基层的抗压轻度等级不低于 C20，厚度 h_2 等于 100～150mm，稳定土底基层或石灰、粉煤灰稳定砂砾底基层厚度 h_3 不小于 150mm。

事实上，以透水混凝土为面层的基层不透水路面在实际中应用较少，透水性沥青路面（OGFC，又称为排水沥青路面、大空隙沥青路面）属于此类型路面，在我国应用较广泛。

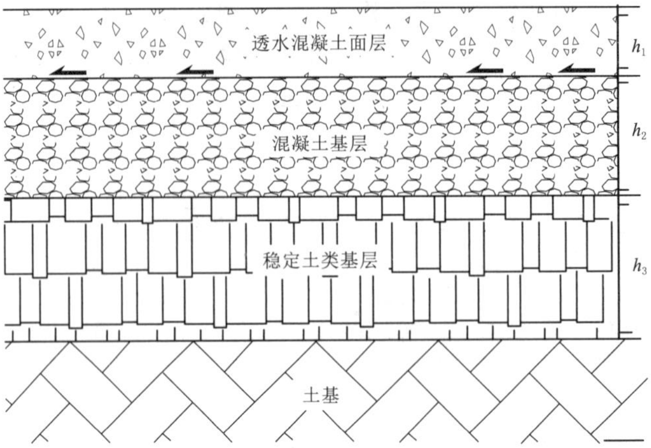

图 2-13 透水混凝土路面基层不透水结构典型示意图

大多数应用于城市道路或者高速公路。OGFC 表面采用透水沥青面层，基层采用沥青类不透水材料或加设沥青封层。

7. 透水铺装的空隙结构

透水铺装材料通常是由粗骨料（或含一定量细骨料）和胶结材料组成的，多采用单粒级或间断粒级粗骨料作为骨架，胶结材料（水泥或加入少量细骨料的砂浆薄层或沥青等）包裹在粗骨料的表面，各骨料颗粒通过硬化的胶结材料形成多孔的堆积结构，因此透水铺装材料内部存在大量的连通空隙，且多为直径超过 1mm 的大孔。透水铺装材料多采用相对单一粒径骨料，从而其内部形成较多的空隙。

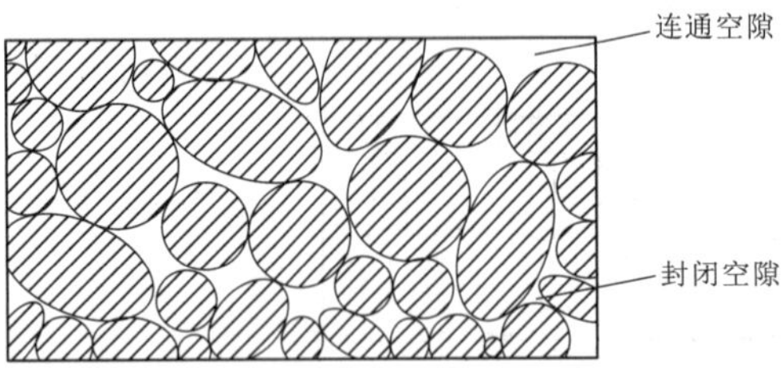

图 2-14 透水铺装材料空隙结构模型

透水铺装材料空隙结构模型如图 2-14 所示，由三部分组成：连通空隙、半连通空隙和封闭空隙。

8. 透水铺装的容水能力

在透水铺装设计中需要重点考虑三个因素：预期的降水量、路面特点和地下土壤的性质，而在透水铺装系统中，水文因子决定于路面允许的地表径流强度。降雨后，一部分雨水被地面的洼地存储，部分渗入土壤，还有一些被地表植被吸收，所以径流量要低于降雨量。同时径流也是土壤特性的一个表现，尤其是渗透率，砂质和干旱的土壤能够快速吸收雨水，而紧致的黏土几乎不能吸收水分。同样，径流也受雨水类型的影响，不同的降雨强度导致不同的径流量。

设计透水铺装时必须考虑两个条件：渗透性和存储能力，即透水铺装的透水与容水能力，不应该出现由于渗透能力差或储存能力不足导致地表径流过量的问题。

以透水混凝土路面为例，渗透率的设计必须能够满足所有降水都能渗入混凝土表面。若渗透率为 140L/（m^2 · min），则在到达渗透极限之前，至少容纳 0.24cm/s 的降水。在设计中，渗透率不是决定性因素，而通过地基的水流速度才更具限制性。

透水铺装结构的总存储量（容水能力）包括透水面层容量、透水结构层（基层）和垫层的容量，以及渗入地下土壤的水量。透水铺装结构理论容水量由其有效空隙率（能够被雨水填充的空隙）决定。如果透水铺装结构的有效空隙率为15%，则每100mm的路面深度可容纳15mm的降雨。也就是说，厚度为100mm、空隙率为15%的透水路面，若其底层（基层）为非透水结构，在雨水径流前可容纳相当于15mm的降水。

以上估算成立的条件视整个路面系统完全水平。如果路面不是水平的，则较高一端的空隙未被填满，水流向较低的路面，一旦较低一端的路面空隙被填满，水就会流出，限制了透水路面的优越性。

坡面带来的有效容积的损失是非常明显的，所以路面的坡度是做路面设计时必须考虑的因素。设计坡面的透水面层和基层的厚度时，应考虑使其能够满足径流量的处理目标，或结合其他方法解决过量水流的问题。

9. *透水路面的主要病害*

透水路面出现的病害主要包括两方面：结构性病害和功能性病害。结构性病害主要表现为飞散、坑槽、结合料老化等，功能性病害主要为空隙堵塞导致的排水不畅。国外透水性沥青路面主要病害调查结果见表2-2。由于建成年代较早，距离现在仅二三十年，结构性病害较严重，都出现了不同程度的飞散。我国于20世纪90年代才开始透水铺装相关研究，距今不过20年，且将其运用到实际又有一定的滞后，到2008年北京奥运会我国才开始大规模铺设透水性路面。北京地区透水路面主要病害调查结果、上海浦东地区透水性沥青路面主要病害调查结果分别见表2-3、表2-4，从这两个表中可以看出，由于建成年代较晚，基本没有出现结构性病害，但无一例外地都出现了空隙堵塞情况。

表2-2　国外透水性沥青路面主要病害调查结果

国家	应用情况		主要病害	
	初次实施时间	路面统计寿命	结构性病害	功能性病害
荷兰	20世纪80年代初	10～12	飞散、结合料老化	空隙堵塞
法国	1976年	与传统路面相同	无突出病害	空隙堵塞
英国	1967年	—	飞散	空隙堵塞
德国	1986年	超过10年	飞散	空隙堵塞
澳大利亚	1984年	—	飞散	空隙堵塞
西班牙	20世纪80年代初	—	少量飞散	空隙堵塞
葡萄牙	1991年	—	—	空隙堵塞
丹麦	20世纪80年代	—	飞散	空隙堵塞
日本	1987年	超过10年	飞散、坑槽	空隙堵塞

表2-3　北京地区透水路面主要病害调查结果

路段	具体位置	透水铺装类型	建成时间	结构性病害	功能性病害
奥林匹克公园	国家体育场北路北侧	600mm×300mm透水砖	2008年	无突出病害	空隙堵塞
	湖景东路东侧停车场	200mm×200mm透水砖	2008年	无突出病害	空隙堵塞
	大屯路以北的北中轴景观大道中部	200mm×100mm透水砖	2008年	无突出病害	空隙堵塞
	大屯路以北湖景西路河畔处	现浇透水混凝土铺面	2008年	无突出病害	空隙堵塞

续表

路段	具体位置	透水铺装类型	建成时间	结构性病害	功能性病害
博大公园	博大公园内	现浇透水混凝土铺面	2009 年	无突出病害	空隙堵塞
金蝉西路	欢乐谷游乐园北侧	透水沥青混凝土磨耗层	2006 年	无突出病害	空隙堵塞
长安街	长安街新闻大厦北侧	600mm×300mm 透水砖	2009 年	无突出病害	空隙堵塞
中国科学技术部	中国科学技术部南侧	600mm×300mm 透水砖	—	无突出病害	空隙堵塞

表 2-4　　上海浦东地区透水性沥青路面主要病害调查结果

路段	应用情况		主要病害	
	实施时间	路面现状	结构性病害	功能性病害
浦东北路	2002 年	良好	尚无突出病害	空隙堵塞
冬融路	2004 年	良好	尚无突出病害	空隙堵塞
滨州路	2006 年	良好	尚无突出病害	空隙堵塞
桃林公园	2006 年	良好	尚无突出病害	空隙堵塞
五洲大道	2006 年	良好	尚无突出病害	空隙堵塞
环南一大道	2006 年 10 月	良好	尚无突出病害	空隙堵塞

空隙堵塞的影响因素有铺装类型（材料分布、结合料、最大公称粒径、空隙率、厚度）、交通（交通量、速度、重车比例）、环境（市区或是郊区、散装车辆的控制、植被）、铺装老化、气候和清洗等。随着时间的推移，空隙堵塞情况越来越严重，在未加干预（如养护作业）的条件下，堵塞是一个逐步加剧的过程。使用公称粒径更大的石料，提高空隙率、提高通行的车速均可减缓堵塞的发展趋势，初始空隙率的提高赋予路面更大的灰尘容量。对于透水性沥青路面，首先堵塞的是最外侧车道，最外侧车道车速最慢，“泵吸效应”最小，另一方面它是透水性沥青面层横向排水通道的末端，且靠近路侧绿化带，灰尘、植被落叶等杂物富集，所以最容易堵塞。此外，轮迹带处堵塞情况好于非轮迹带处，这是因为高速行车伴随产生的“泵吸效应”使得快速道路路面更不易堵塞。

10. *透水路面维护管理*

透水路面维护与管理的主要目的是使其保持良好的渗透性能及路用性能。作为一项交通设施，透水路面的维护要点跟普通路面无区别，日常维护要点有落叶杂物的清扫、冬季的融雪、交通线的重新喷涂以及出现结构病害时的修补。作为一项雨水管理设施，透水路面的维护要点和雨水转输、储存和处理系统相类似。

对于透水路面的功能性要求，铺装表面至土层的灰尘不一定会堵塞道路表面的空隙，但是经过轮胎的反复碾压，可能会发生堵塞，甚至堵死。因此，禁止卡车或其他重型车辆将污物溢流至道路表面，禁止施工车辆及其他载有有害物质的车辆进入透水铺装路面区域。维护好透水路面周围的绿化带，防止雨天土壤冲刷至铺装表面，如果土壤已冲刷至表面，应立即清扫干净防止进一步堵塞。另外，如果绿化带出现裸露的土壤或者侵蚀区域，应立即补种植物。最好每半年检查一次绿化带，并清除内部的垃圾等杂物。

透水路面渗透性恢复的方法主要有以下几种：

（1）清扫。

（2）真空吸尘器。

（3）压力吹扫。

（4）冲洗。

（5）高压冲洗，示意图如图 2－15 所示。

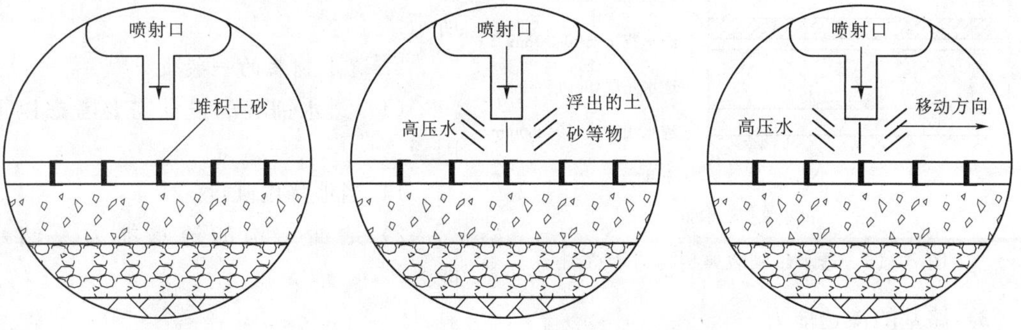

图 2－15　高压水枪冲洗透水路面示意图

这几种方法对透水路面渗透性的恢复能力不同。

为维护透水性铺面的功能与平整，应实施适当管路与维护，以达到透水性铺面的可持续性，其要点如下：

（1）铺面完工前 4 个月，每月检查 1 次，此后每年检查 4 次。

（2）大雨后即可检查表面是否积水；若发现铺面严重阻塞，需翻修。

（3）透水性铺面强度较弱，应设置告示牌禁止重型车进入，避免使用不当造成结构破坏。

（4）铺面应避免堆置砂土及其他粒料或粉状物料和含泥砂的车辆进入，以免破坏铺面的透水性。

（5）铺面周围地面应种植草皮，避免裸露地的砂土进入。

（6）铺面若接受邻近地区排水，应视需要设置预处理设施，以去除漂浮物及沉渣，延长铺面使用寿命。

（7）铺面应于每年雨季来临前检查透水性，透水性降低至一定程度，应立即进行清洗。

（8）铺面每年清理 4 次，使用吸尘及高压水柱冲洗两道程序，高压水枪冲洗透水路面示意图如图 2－15 所示。

二、设计要点

1. 设计要求

透水铺装结构应符合《透水砖路面技术规程》（CJJ/T 188—2012）、《透水沥青路面技术规程》（CJJ/T 190—2012）和《透水水泥混凝土路面技术规程》（CJJ/T 135—2009）的规定。

透水铺装还应该满足以下要求：

（1）透水铺装对道路路基强度和稳定性的潜在风险较大时，可采用半透水铺装结构。

（2）土地透水能力有限时，应在透水铺装的透水基层内设置排水管或排水板。

（3）当透水铺装设置在地下室顶板上时，顶板覆土厚度不应小于 600mm，并应设置排水层。

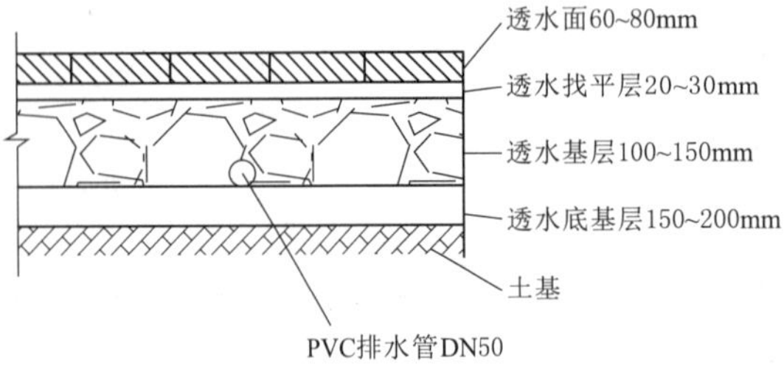

图 2-16　透水砖铺装典型构造示意图

透水砖铺装典型构造如图 2-16 所示。

2. 透水铺装的一般设计

（1）透水铺装的设计需要考虑以下因素：

1）当地降雨强度。

2）地面结构的透水能力及储水能力。

3）路基的渗透能力。

（2）土基为软土（淤泥与淤泥质土）、未经处理的人工杂土、湿陷性黄土、膨胀土、盐渍土、粉性土、常年冻土和液化土等不适合铺设透水地面。对满足不了路基要求的土质应置换土壤，置换土壤采用一般性黏土或砂性土，如果满足不了下渗要求，可结合雨水收集系统做路面内部的排水设计。

（3）透水地面设计应满足当地 2 年一遇的暴雨强度下持续降雨 60 分钟，表面不应产生径流的透（排）水要求。合理使用年限宜为 8～10 年。

（4）透水地面一般分为表面排水和内部排水，虽然从透水地面性质而言无须路面排水，但考虑到暴雨时能及时排除短时积聚的降雨，地面应设计排水坡度，横坡度宜为 1%～2%，基层横坡度应与面层横坡度相同。

（5）透水路面在长时间储水状态下，结构内储水由于重力作用，会沿道路纵坡的方向以一定速度向道路低点运动，因此当雨水不能有效渗入土基，起不到回灌作用时，内部可采用穿孔集水管对用水进行收集回收利用，管径应由给排水专业根据汇水区域雨水量进行水力计算。

（6）透水地面下应减少埋设管线，防止由于路基的不均匀沉降而给埋设的管线带来隐患。

（7）北方冬季积雪后路面非常光滑，行人容易滑倒，所以透水砖、透水混凝土和透水沥青路面需要做防滑要求，详见表 2-5。

3. 结构层设计

（1）透水面层。透水砖地面、透水混凝土地面和透水沥青地面面层应表面平整、抗滑和耐磨，不同类型道路根据具体设计要求可选择不同厚度、抗压强度和抗折强度的面层材料。

透水砾石地面和透水砂砾地面层粒径要均匀，其厚度要适中，严格控制尖锐石子的含量，防止影响脚感舒适程度和儿童摔倒碰伤。

透水页岩地面页岩表面质感要求自然，边缘可保留开凿后的效果，可圆润、可尖角，符合乡村自然风格，切忌人工制成机切面。

表 2-5 **透水地面设计参数要求**

结构层		抗压强度/MPa	抗折强度/MPa	连续空隙率	透水系数(15℃)	备注
面层	透水砖地面	人行道、步行街等人群荷载≥40 广场、停车场等轻型荷载≥50	人行道、步行街等人群荷载≥5 广场、停车场等轻型荷载≥6	≥15%	≥1×10^{-2}cm/s	防滑性(BPN)≥60
	透水混凝土地面	人行道、步行街等人群荷载≥20 广场、停车场等轻型荷载≥30	人行道、步行街等人群荷载≥2.5 广场、停车场等轻型荷载≥3.5	≥10%	≥0.5mm/s	
	透水沥青地面	—	—	≥14%	≥800mL/15s	
	透水砾石地面	—	—	≥30%	≥1×10^{-3}cm/s	—
	透水页岩地面	—	—	≥20%	≥1×10^{-2}cm/s	根据页岩缝隙透水
	透水沙砾地面	—	—	≥10%	≥1×10^{-2}cm/s	—
找平层	砂(粗、中砂) 干硬性水泥砂浆	—	—	≥10%	≥1×10^{-2}cm/s	仅面层是透水砖时需要设置
基层(含底基层)	透水混凝土	≥20	—	≥10%	≥0.5mm/s	—
	透水水泥稳定碎石	7d 无侧限抗压强度 2.5~3.5	—	≥10%	≥1×10^{-2}cm/s	
	级配碎石	压实度≥95% (重型击实标准) 骨料压碎值不应大于 26%	—	≥10%	≥1×10^{-2}cm/s	
	级配砂砾	CBR 值≥160%	—	≥10%	≥1×10^{-2}cm/s	
垫层		—	—	≥10%	≥1×10^{-2}cm/s	根据情况选择设置
土基		设计回弹模量值不宜小于 20，特殊情况不得小于 15。90%<压实度	—	—	透水砖路面及透水混凝土路面≥1×10^{-3}mm/s；透水沥青路面≥7×10^{-7}cm/s	—

(2) 透水找平层。在透水砖地面中，面层与基层之间应设置找平层，可采用中砂、粗砂或干硬性水泥砂浆，厚度为 20~30mm，其透水性能不宜低于面层。

(3) 透水基层。透水基层分为透水顶基层和透水底基层。当用作临时车行道路时，根据需要设置底基层。透水基层具有两种作用，一是可以作为暂时的储水层，二是具有力学强度，可以参与地面的结构承载，材料优先选用透水级配碎石、透水混凝土（无砂大孔混凝土）和透水水泥稳定碎石，粘结剂选用终凝时间较长（6h 以上）的硅酸盐水泥。

(4) 透水垫层。在土基渗透性较好的路面结构中可以不设置该层，设计时在垫层与土基之间设置无纺土工织物，起到隔离作用，同时相当于反滤层，防止土基中大颗粒物体进入透水基层。

（5）透水土基。当透水地面为全透水结构时，雨水直接通过地面各个结构层向路基渗透，湿陷性黄土、膨胀土、盐渍土、粉性土、常年冻土、液化土等土基因雨水直接渗入而不稳定，地面结构会因此而受损，所以在设计时应考虑土基类型。

透水地面的土基应具有一定的透水性，土基顶面距离地下水位宜大于1m。当土基、土壤透水系数及地下水位高程等条件不满足要求时，宜增加路面排水设施。

4. 典型透水地面结构设计图

国内典型的透水砖地面、透水混凝土地面、透水沥青地面及透水砾石地面应用案例及结构设计图见图2-17～图2-20和表2-6～表2-9。

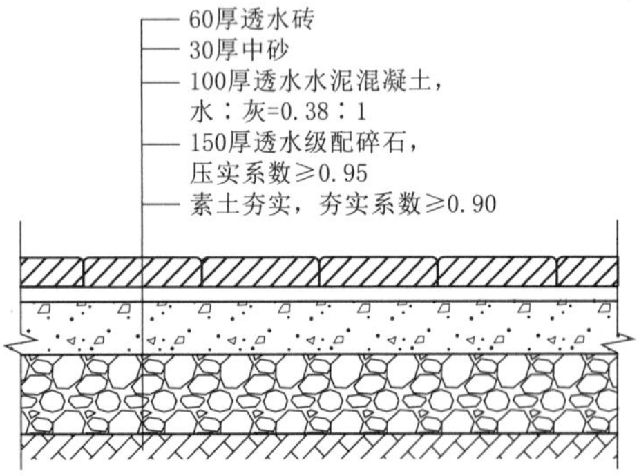

A1型－透水砖地面（人行）

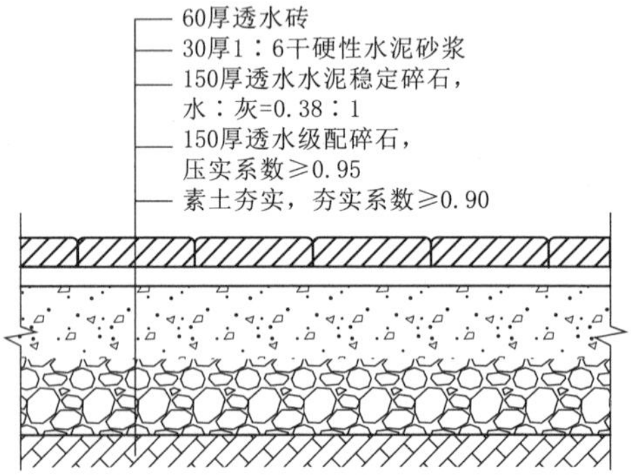

A2型－透水砖地面（人行）

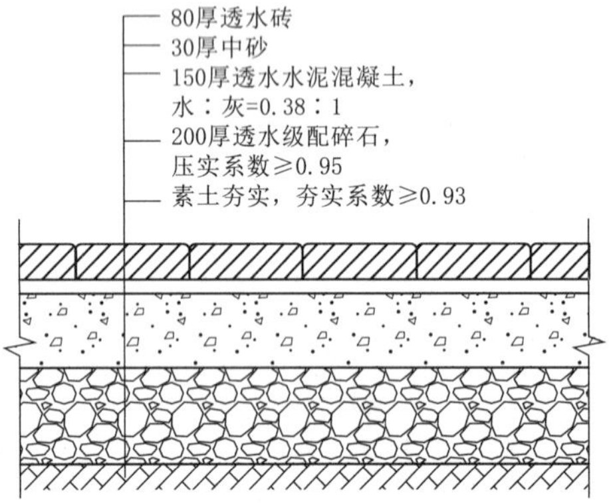

A3型-透水砖地面（临时车行）

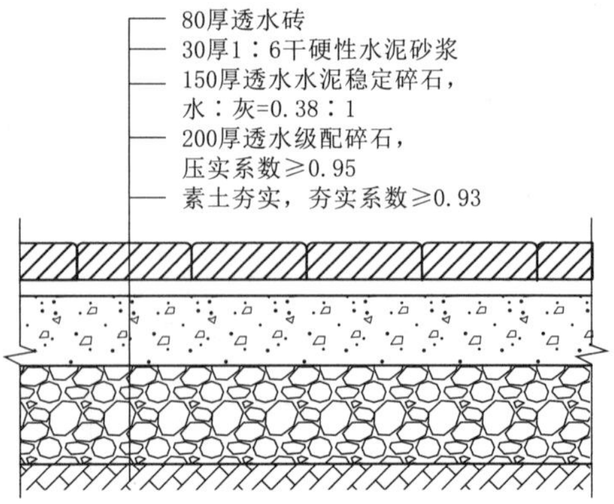

A4型-透水砖地面（临时车行）

图2-17　典型透水砖地面结构设计图（单位：mm）

表2-6　国内典型透水砖地面结构设计图及应用案例

典型透水砖地面结构	应用项目	备注
A1型（人行）	北京市中央党校景观	—
A2型（人行）	金华市燕尾洲公园	—
	北京市台湖东石公园	
A3型（临时车行）	秦皇岛市滨海景观带	—
A4型（临时车行）	胶南市人民广场	—
	北京市台湖东石公园	

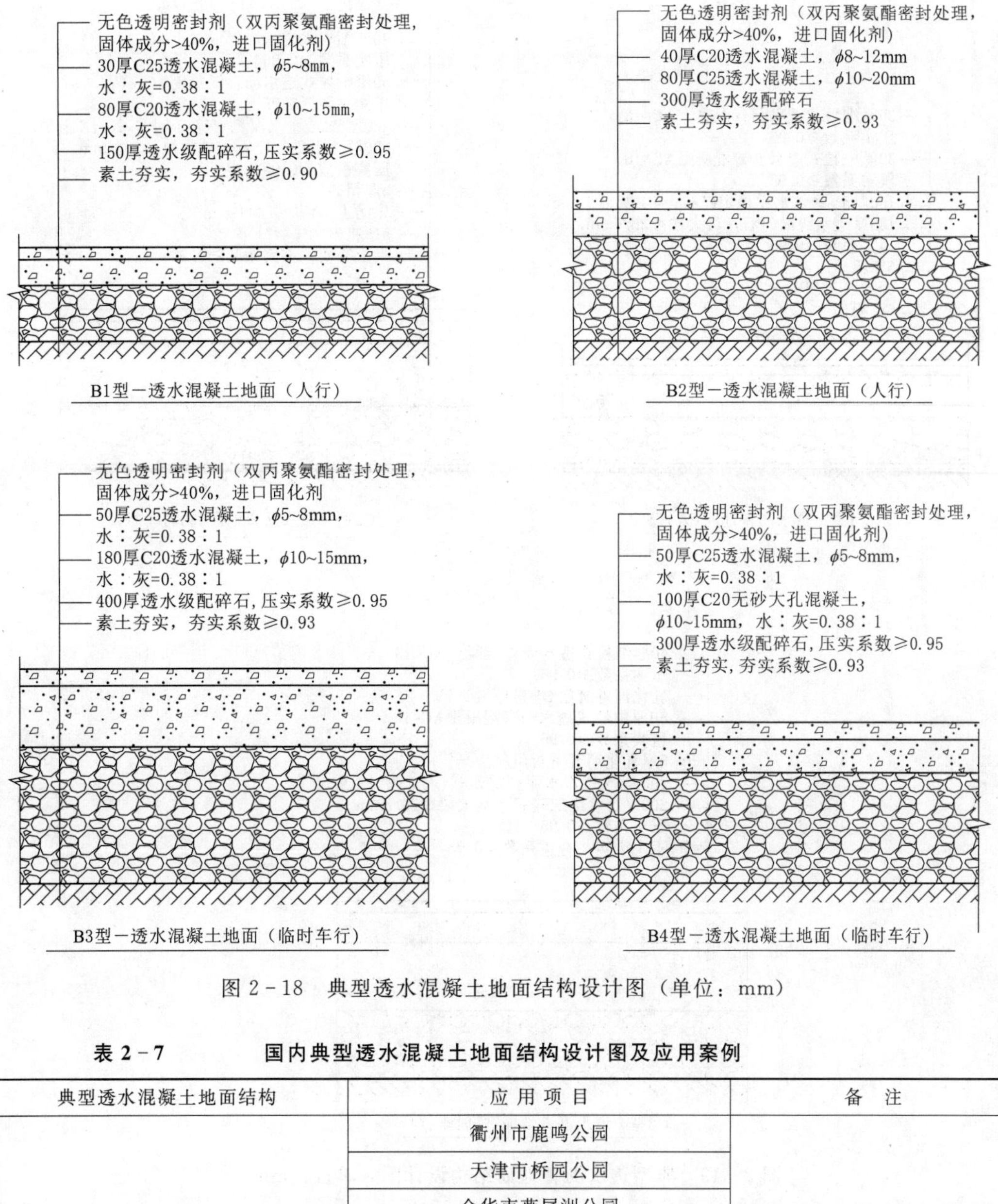

图 2－18　典型透水混凝土地面结构设计图（单位：mm）

表 2－7　　　　国内典型透水混凝土地面结构设计图及应用案例

典型透水混凝土地面结构	应用项目	备　注
B1 型（人行）	衢州市鹿鸣公园	面层颜色根据不同项目而定
	天津市桥园公园	
	金华市燕尾洲公园	
	宿迁市三台山森林公园	
	洛阳市中国移动呼叫园区	
	重庆市嘉陵江滨江生态公园	
	哈尔滨群力国家城市湿地公园	
B2 型（人行）	胶南市市民广场	—
	六盘水市明湖湿地公园	
B3 型（临时车行）	洛阳市中国移动呼叫园区	—
B4 型（临时车行）	天津市武清商务区	—

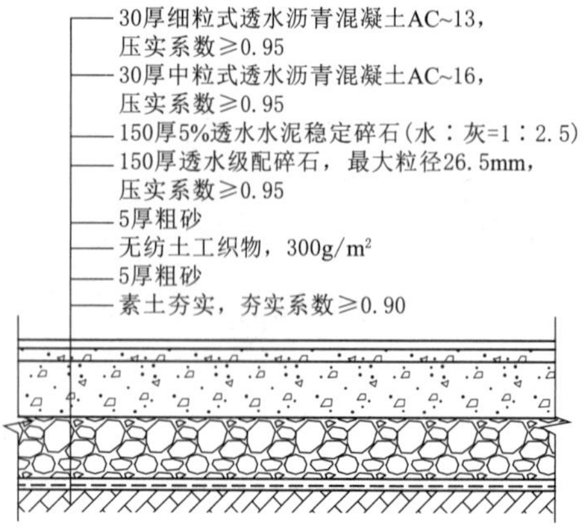

C1型—透水沥青地面（人行）

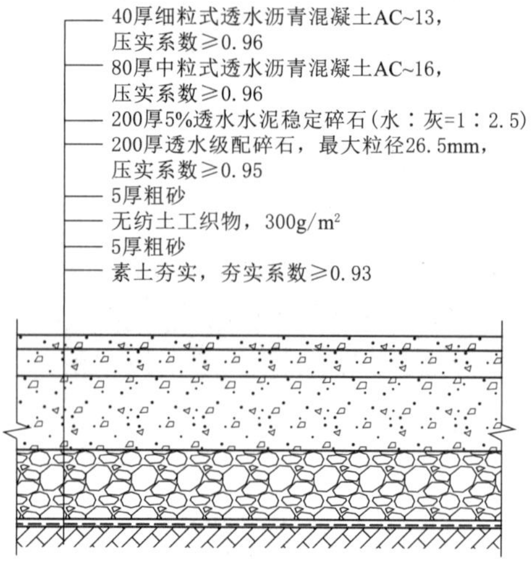

C2型—透水沥青地面（临时车行）

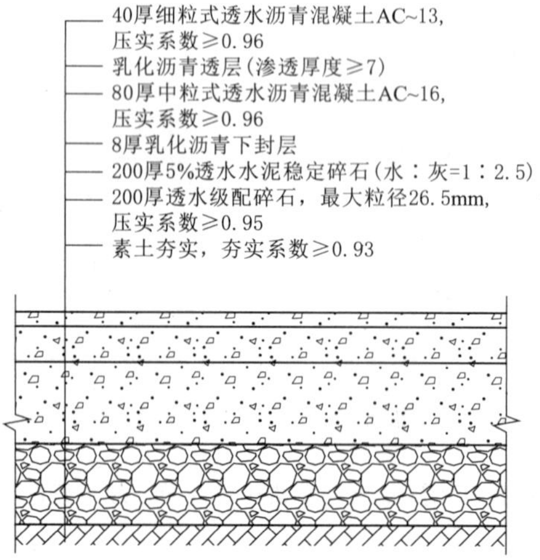

C3型—透水沥青地面（临时车行）

图 2-19　典型透水沥青地面结构设计图（单位：mm）

表 2-8　国内典型透水沥青地面结构设计图及应用案例

典型透水沥青地面结构	应用项目	备注
C1 型（人行）	抚州市文昌里滨河景观	—
C2 型（临时车行）	重庆市张家溪绿溪谷乐园	—
C3 型（临时车行）	合肥市兴庐科技产业园	—

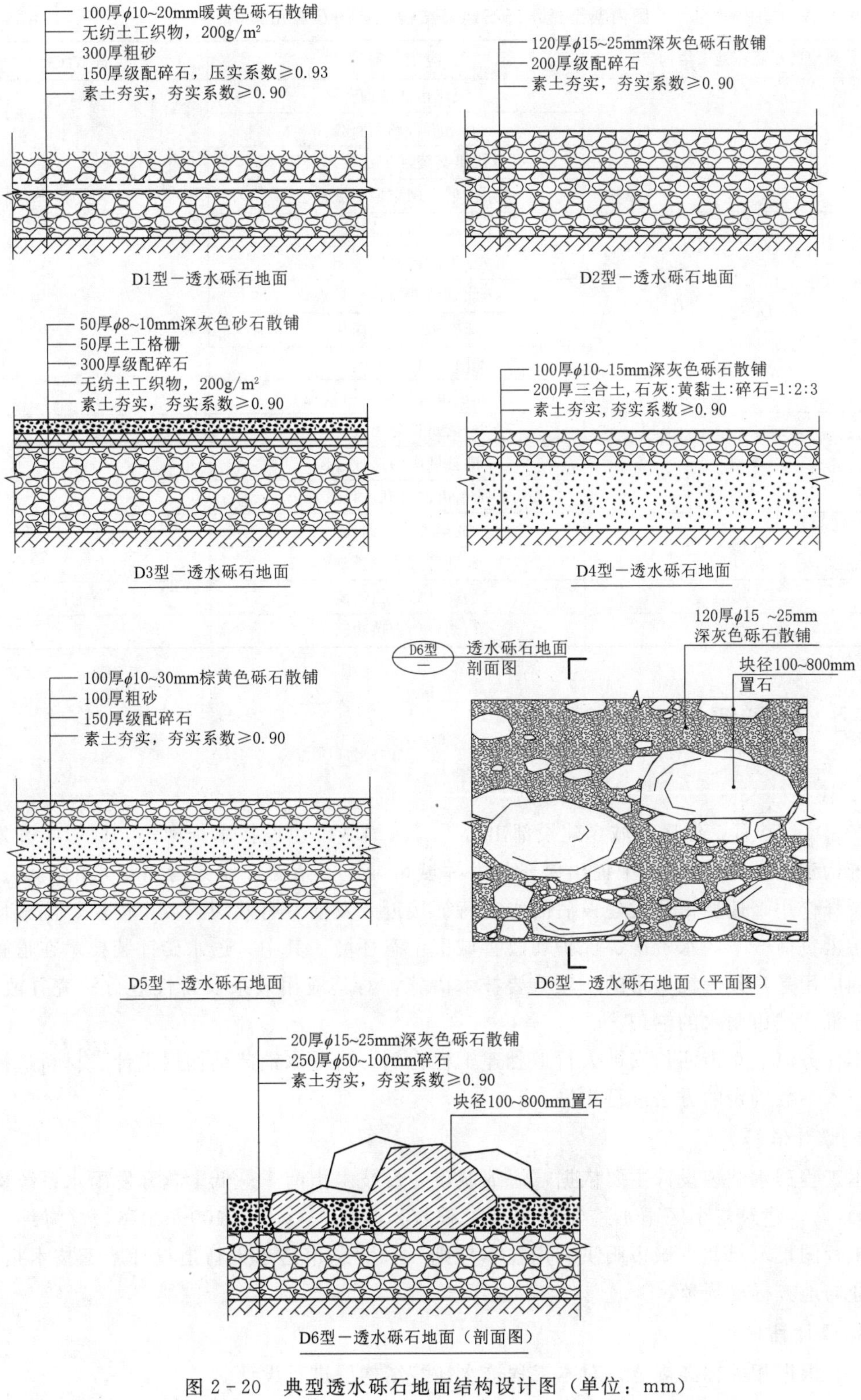

图 2－20　典型透水砾石地面结构设计图（单位：mm）

图 2－9　　国内典型透水砾石地面结构设计图及应用案例

典型透水砾石地面结构	应用项目	备注
D1 型	天津市武清商务区	—
	北京市台湖东石公园	
	重庆市嘉陵江滨江生态公园	
	哈尔滨群力国家城市湿地公园	
D2 型	秦皇岛市植物园	—
	天津市桥园公园	
	北京市中央党校景观	
	迁安市世纪城居住区	
	淮南市白马湖入口景观	
	北京市大兴天堂河景观	
D3 型	衢州市鹿鸣公园	—
	澧县城头山遗址公园	
	淮南市白马湖入口景观	
D4 型	金华市燕尾洲公园	—
	秦皇岛市滨海景观带	
D5 型	秦皇岛市植物园	—
D6 型	秦皇岛市植物园	—

三、任务解析

1. 任务引入

2014 年 10 月，住房和城乡建设部出台了《海绵城市建设技术指南——低影响开发雨水系统构建（试行）》，其中提出要充分发挥城市绿地、道路、水系等对雨水的吸纳、蓄渗和缓释作用，使城市开发建设后的水文特征接近开发前，有效缓解城市内涝、削减城市径流污染负荷、节约水资源、保护和改善城市生态环境。其中，透水砖铺装技术在道路工程中的应用是建设海绵城市的一项重要技术措施，对其应用效果及特性进行研究并改进，有助于推动城市雨水的治理。

本任务以北京市西长安街人行道翻建工程为例，对透水铺装结构层设计、材料选择与施工技术参数确定的方法进行实操。

2. 设计依据

本工程透水铺装设计主要依据《海绵城市建设技术指南——低影响开发雨水系统构建（试行）》、《建筑与小区雨水控制及利用工程技术规范》（GB 50400—2016）、《海绵城市景观工程图集》、《北京城市雨洪利用技术导则》、《北京市透水人行道设计施工技术指南》等行业与地方标准规范。

3. 设计目标

（1）根据相关标准规范，对本工程透水铺装结构层进行设计。

（2）依据相关标准规范，对本工程透水铺装材料选择与施工技术参数进行确定。

4. 设计思路

透水性人行道结构在满足行人通行承载力的前提下，还应满足透水、储水的功能，同时还要满足抗冻性要求。因此，西长安街透水性人行道的路面结构类型，应根据其沿线的土基承载能力、均匀性，地下水的分布以及冻胀情况等因素进行综合分析，从而确定其结构类型。

本工程设计与施工方案的确定主要分为三个阶段，如图 2－21 所示。首先要进行结构层的设计，结构层设计完成之后要进行透水材料的选择以及施工方案的确定，在设计与施工方案都确定下来以后，还要进行试验段的铺筑，并且要做现场的渗水试验与强度试验，现场试验的数据满足设计要求之后才可以全面开展施工。

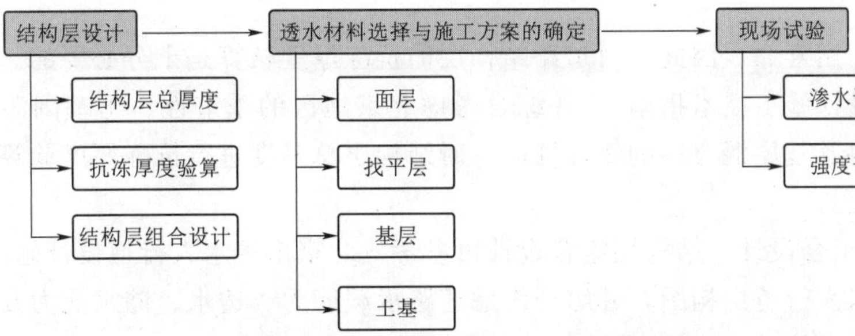

图 2－21　工程设计与施工方案确定流程

5. 工程概况

长安街是北京东西向的轴线，西起石景山区，东至通州区，道路全长 40.4km，担负着首都政治、经济、文化以及外事活动服务的重要功能。2014 年为做好 APEC 峰会的交通保障工作，启动了西长安街大修工程，范围为五棵松—南礼士路，工程总长 6.89km。在该次大修工程中，始终坚持“生态、环保、和谐、可持续发展”的设计施工理念，为增加城市透水、透气空间，改善城市生态环境，其中人行道翻建工程全部采用了环保型透水砖结构。

西长安街透水性人行道通行以来，面层透水砖平整、稳固，经过雨季雨水的冲刷和下渗，冬季雪水的冻胀和熔融，未出现错台、积泥等病害。在降雨天气，表面基本无积水，极大提高了沿线居民雨天步行的舒适性和安全性。

6. 设计要点

(1) 透水性人行道结构层设计。

1) 结构层总厚度。根据《北京城市雨洪利用技术导则》的规定，查阅透水地面的最低设计标准，同时，查阅《北京市透水人行道设计施工技术指南》，根据“技术指南”给出的路面结构层总厚度计算公式（图 2－22），同时考虑北京地区的降雨强度、降雨持续时间、土基平均渗透系数及结构层平均有效孔隙率，确定西长安街人行道翻建工程的结构层总厚度。

2) 抗冻厚度验算。透水性人行道因其透水性的特点，土基含水量较一般道路高，若保温厚度不够或性能不佳，道路会因基层冬季冻胀和春季春融导致道路的承载力降低，从

> 3.2 结构层厚度计算
>
> 3.2.1 透水人行道路面结构总厚度应满足透水、储水功能的要求。厚度计算应根据该地区的降雨强度、降雨持续时间、工程所在地的土基平均渗透系数、透水人行道结构层平均有效孔隙率进行计算。路面结构厚度的计算可参照式(3.2.1)进行计算。
>
> $$H=(0.1i-3600q)t/(60v) \tag{3.2.1}$$
>
> 式中 H——透水人行道结构总厚度（不包括垫层的厚度），cm;
> i——地区降雨强度， mm/h;
> q——土基的平均渗透系数，cm/s;
> t——降雨持续时间，min;
> v——透水人行道结构层平均有效孔隙率，%。

图 2-22 《北京市透水人行道设计施工技术指南》中结构层厚度计算规则

而减少道路的使用寿命。因此，对道路结构层的抗冻厚度核算是十分必要的。查阅《北京市透水人行道设计施工技术指南》，并综合考虑北京地区的季节性、土基潮湿类型、道路宽度、路面材料及基层混合料的物理性能，对结构层总厚度进行抗冻厚度验算，并最终确定结构层总厚度。

3）结构层组合设计。结构层组合设计可参考《北京市透水人行道设计施工技术指南》给出的典型透水人行道结构图，并综合考虑道路承载能力、透水、储水能力及抗冻性的要求，因地制宜进行设计。

（2）材料选择与施工技术参数的确定。

1）面层。透水砖应具备高透水性，同时还要具备一定的承载力、抗磨耗性、保水性及抗冻性，其各项性能指标应符合《城市道路混凝土路面砖》（DB11/T 152—2003）和《透水砖路面技术规程》（CJJ/T 188—2012）的规定。

2）找平层。找平层作为面层和基层之间的连接层，需要为面层形成紧密嵌锁结构提供基础条件。因此，其所用材料水、水泥和砂的质量均应符合规范设计要求，且保证其混合物在施工过程中的“干硬性”。

3）基层。基层是整个道路结构的承重层和暂时储水层，因此，其材料必须满足承载能力、水稳定性和储水能力的要求。

4）土基。土基是透水砖人行道的最下层，其稳定性直接影响结构稳定性，因此其渗透系数和强度以及浸水后的承载力是必须考虑的。

透水人行道施工前应调查地下管线的分布情况，对于有防水要求的管线需提前做好防护设施；对于特殊部位，如井盖、树池、交通设施基础等障碍物周边，不能铺装整块透水砖的，可进行切割；若实在不能铺设透水砖的部位，则可用混凝土进行浇筑，表面按砖缝进行修整。

四、工作实施

1. 透水性人行道结构层设计

（1）结构层总厚度。

1）根据《北京城市雨洪利用技术导则》的规定，透水地面的最低设计标准为____，参考《北京市透水人行道设计施工技术指南》的建议值，本工程设计降雨量为__________，降雨持续时间为__________。

2）根据《北京市透水人行道设计施工技术指南》的规定，透水性人行道在保水7d后的路面结构整体承载能力还应满足人群荷载设计的要求，为________________________。

3）根据《北京市透水人行道设计施工技术指南》的规定，透水性人行道下的土基渗透系数应不小于__________，且渗透面距离地下水应大于____________，本设计取值为__________，理由为________________________________。

4）根据《北京市透水人行道设计施工技术指南》的规定，透水砖、透水基层的有效孔隙率应不小于______________，本设计取值为__________________，理由为____。

5）根据《北京市透水人行道设计施工技术指南》给出的路面结构层总厚度计算公式，同时考虑北京地区的降雨强度、降雨持续时间、土基平均渗透系数及结构层平均有效孔隙率，确定西长安街人行道翻建工程的结构总厚度为______________。

（2）抗冻厚度验算。根据《北京市透水人行道设计施工技术指南》给出的路面抗冻厚度确定依据，并综合考虑北京地区的季节性、土基潮湿类型、道路宽度、路面材料及基层混合料的物理性能，确定本工程路面抗冻最小厚度为______________，本工程结构层总厚度是否满足抗冻厚度验算要求________________。

（3）结构层组合设计。

1）《北京市透水人行道设计施工技术指南》给出了六种典型的透水人行道结构图，本工程设计以第____种典型结构图作为参考，理由为____。

2）综合考虑道路承载能力、透水、储水能力及抗冻性的要求，确定本工程结构层组合设计，并填写表2-10。

表2-10　　北京市西长安街人行道翻建工程透水铺装设计参数表

部位	材料	规格/cm	备注
面层			
找平层			
基层			

2. 材料选择与施工技术参数确定

（1）面层。

1）根据《城市道路混凝土路面砖》（DB11/T 152—2003）和《透水砖路面技术规程》（CJJ/T 188—2012）的规定，参考《北京市透水人行道设计施工技术指南》的要求。本工程选用的面层材料为____。

2）根据相关规范的要求，本工程面层孔隙率、透水系数、抗压强度、保水性、抗冻性能等主要技术参数确定如下：

3）根据相关规范的要求，本工程面层施工要点如下：

（2）找平层。

1）根据《城市道路混凝土路面砖》（DB11/T 152—2003）和《透水砖路面技术规程》（CJJ/T 188—2012）的规定，参考《北京市透水人行道设计施工技术指南》的要求。本工程选用的找平层材料为____。

2）根据相关规范的要求，本工程找平层主要技术参数确定如下：

3）根据相关规范的要求，本工程找平层施工要点如下：

（3）基层。

1）根据《城市道路混凝土路面砖》（DB11/T 152—2003）和《透水砖路面技术规程》（CJJ/T 188—2012）的规定，参考《北京市透水人行道设计施工技术指南》的要求。本工程选用的基层材料为____。

2）根据相关规范的要求，本工程基层主要技术参数确定如下：

3）根据相关规范的要求，本工程基层施工要点如下：

（4）土基。

1）根据《城市道路混凝土路面砖》（DB11/T 152—2003）和《透水砖路面技术规程》（CJJ/T 188—2012）的规定，参考《北京市透水人行道设计施工技术指南》的要求。本工程选用的土基应满足的主要技术参数如下：

2）根据相关规范的要求，本工程土基处理要点如下：

思考题：

透水人行道施工前应调查地下管线的分布情况，对于有防水要求的管线应如何处理？对于特殊部位，如井盖、树池、交通设施基础等障碍物周边，在铺设透水砖时有何注意事项？

五、成果提交

1. 透水铺装结构层设计计算书。

请将本工程结构层设计计算过程书写至空白处。

2. 材料选择与施工技术参数设计书。

请将本工程结构层材料选择与施工技术参数确定过程及依据书写至空白处。

3. 设计成果。

请绘制出本工程透水铺装结构设计图。

任务三　绿色屋顶设计

一、知识清单

雨洪来临时，建筑屋顶产生的径流是导致城市内涝的重要原因之一。因此，将城市的建筑屋顶改造为绿色屋顶能有效缓解城市雨水径流压力。一方面，通过海绵结构来收集、储存雨水，并利用雨水进行浇灌，可以节省各种能耗；另一方面，绿色屋顶将形成良好的城市景观，提升城市的整体绿化率。

1. 绿色屋顶的概念

广义上讲，绿色屋顶是指高出地面，不与地面自然土层相连接，并进行绿化种植技术的建筑物屋顶、中间平台、边缘或构筑物顶部的统称，包括住宅、办公楼、地下建筑、酒店、厂房等的屋顶、露台、阳台、空中连廊和桥梁、围墙等，是城市绿地向立体化、空间化发展的重要形式之一。狭义上讲，绿色屋顶就是所有进行绿化的建筑屋顶。绿化形式不仅仅是在屋面上覆盖土壤种植，还可以在容器中或者种植板块中栽植植物后进行覆盖。

绿色屋顶以绿化种植为主，其他元素与地面绿地一致，但由于屋面相较地面在场地大小和承载力上均有限制，绿色屋顶的设计又有其独特和创新的一面。

2. 绿色屋顶的结构

绿色屋顶的组成一般可以划分为 6 个部分。最常见的结构自上而下包括：植被层、种植层、土壤基质层、透水过滤层、蓄排水层、防水层和屋面结构层，如图 3 - 1 所示。

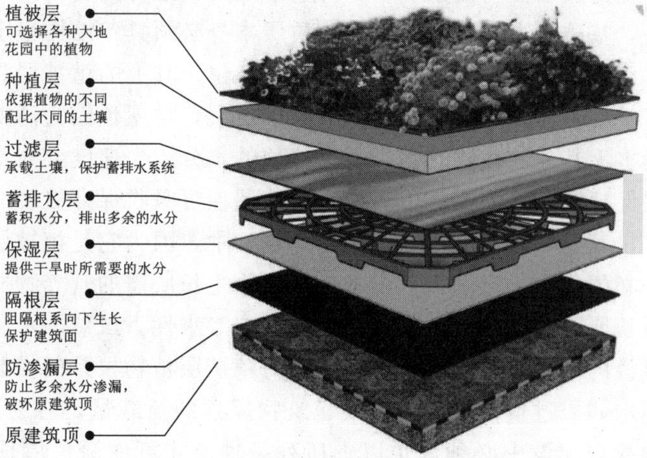

图 3 - 1　绿色屋顶结构示意图

人们最能直观看到也是景观效果最好的部分就是位于表面的植被层；而位于其下的种植基质层则是用于为其上的植被层提供生长所需的养分与立于屋顶之上的生存空间；基质层下面是过滤层，其作用体现为防止屋顶植物基质层因雨水或人工的自然浇灌的冲刷而水土流失，起到维持基质层稳定的作用；位于过滤层之下的排水层则是帮助疏散过滤层蓄积的过量雨水以适宜的速度流出；在其下的隔根层则是隔绝植被层的植物根系，防止其生长过于强势将屋顶的结构破坏；最后一层为防水层，设置为防止屋顶雨水渗透进入建筑内部。这些层次的组合形成了完备的绿色屋顶构造方式，而在具体的工程案例中，根据需要我们也可以选择去掉其中的一两个层面，分配组合。下面将对各个层次具体的要求与做法作出更详细的阐述。

（1）植被层。植被层是人们最直观看到的表层层面，也是绿色屋顶的构造中最为重要的一层，它承担着屋顶最直接的视觉与景观作用，可丰富点缀屋顶形象。日本对绿色屋顶的分类方式可以说是以植被层的视觉效果划分，可以领略植被层在绿色屋顶中的核心地位。在植被层的植物选区中，要选择适宜屋面生长的植株种类，对植被的要求一般包括其生命力、耐干旱能力、耐养护能力、防风能力、根系发达程度、耐瘠薄能力等，根据屋顶生长的生态环境依次选取适宜的屋顶植被。而在不同区域的绿色屋顶建设中，也适宜选取当地的植株种类，使其更加适宜当地环境。植被层的设置除了有较强的吸水能力之外，还具有空气净化能力，植被可吸附空气中的颗粒尘埃，增加空气清新度，减少雾霾天气的发生；除此之外，植物可以进行光合作用，吸收空气中的 CO_2，释放出人体所需的 O_2，还可吸收空气中的某些有毒成分，为人们提供更加适宜的生存环境。

当植被层选取一些较大的灌木或者乔木时，由于其荷载较大，需要特别注意的是屋顶承载力的问题。通常情况下，把一些大型的树木放置于建筑物主要承重结构的上方，如承重柱或梁等。而其他的草坪荷载较轻，对结构的要求次之，可以放在建筑物屋面板的部位。

（2）基质层。基质层为位置位于植被层之下，用于提供满足植被层植物生存生长所需的能量与生长介质，它起到对位于其上的植被层的承载作用。相比于地面的植物生长基质，屋顶的生长环境更加艰苦与复杂，所以对基质层的设置有更高的要求，其需要满足以下几种要求：其一，基质层本身的稳定性。基质层本身必须具备结构稳定性，不易流失也不易变形变硬，才可以作为植被层的载体，得以支持位于其上的植被层具有一个稳定生长的环境。其二，蓄水性。屋顶进行人工浇灌的成本更大，且屋顶因为高度较高，空气流速会更快，周边一般也无其他遮挡物遮挡，所以屋顶的水分流失速度会非常之快，所以在绿色屋顶建设中，在保证安全性的前提下，应尽量使屋顶可吸收保存更多的自然雨水，以供植被层的生长所需。其三，营养性。在基质层的设计中，因为它是植被层赖以生长的中介物质，所以它本身必须包含一定的足以用来满足植物生长所需的营养物质，来为屋顶的植被层提供生存与生长所需的必备养分。其四，透气与渗水性。虽然雨水是屋顶植被生存所必需的成分，但过量的雨水长时间蓄积也会造成对植被层植物根系的侵蚀，形成植物烂根现象；而屋顶的雨水如果过量蓄积也会增大建筑物屋顶的荷载量，容易产生安全性问题。所以在基质层的选取与建设中必须满足以上所列条件，才可使绿色屋顶的建设更加安全可靠。

（3）过滤层。过滤层的设置位于屋顶基质层之下，其设置的主要目的是对基质层产生渗透过滤作用，在屋顶的生存环境中，必不可少地会有自然降雨与人工浇水的水量冲刷，冲刷速度过快，力度过大均会引起位于其上的基质层的成分流失，而这种成分流失会极大程度地影响后续的排水系统的通畅程度，使之形成堵塞，最终使整个雨水处理体系瘫痪失效。而过滤层本身亦具有一定的透水性，仿佛是绿色屋顶的细胞壁，隔绝基质层物质“大分子”，却可以渗透水分“小分子”，有选择地进行物质交换，在保护位于其上的基质层不被冲刷流失的情况下，渗透水分，维持屋顶水系统的通畅性。除此之外，因自然雨水的成分中的硫化物质具有天然的腐蚀性，而基质层的构造成分中往往也可能具备某些腐蚀性的物质，所以对过滤层的材料也有相应的耐腐蚀要求。兼具以上要求的过滤层才足以满足绿色屋顶建设使用的相关条件。

（4）排蓄水层。排蓄水层位于屋顶的过滤层之下，主要功能为承接由屋顶植被层、种植基质层与过滤层阶梯顺流而下的雨水。其主要功能包括两个方面即排水与蓄水。其中排水主要是指当建筑屋顶降临雨水之时，或在屋顶植被浇灌之时，在有充足水分之时对过量无法吸收的水量进行排泄，而排水层一般会与排水管道相接，水分流经至此则再无法下渗，富余无法消纳的雨水通过与排水层连接的排水管道输送至建筑周边的绿地或地下管道进行下一步水处理运用，防止其过量蓄积对屋顶甚至于整个建筑产生无可挽回的影响。而蓄水主要是指，其本身具有一定的厚度，可对水分具有一定的持水能力，在水分充足时保存水分，在水分缺失时释放水分，对植被层生长生存所需的水分进行充能储备。因排蓄水层位于绿色屋顶结构的下层，所以对其自身的承载力有一定的要求，需要可以承受得住其上的植被层、种植基质层与过滤层的厚度，在抗压下仍能具有原本的结构稳定性，担当排蓄水的功能作用。

（5）隔根层。隔根层位于屋顶排蓄水层之下，从这个层次开始，绿色屋顶的结构设置不再与水分的吸收与排泄有关，其主要功能在于隔绝第一层面的植被层的植物根系生长蔓延之后对建筑物的屋顶产生的穿刺作用，因位于其上的绿色屋顶各个层次虽然对雨水有优良的处理能力，但为了雨水排出均具有一定的孔隙率与透气性，所以并无法起到阻挡植物根系蔓延的作用，所以隔根层需采用坚固而有韧性的材料阻挡植物根系，除此之外也应具有一定的耐腐蚀性，防护雨水与基质层流失物质的腐蚀侵蚀。

（6）防水层。防水层是绿色屋顶结构的最后一层，也是与建筑屋顶接触的直接一层，是保护建筑屋顶的最后一道防线，起到为绿色屋顶兜底的作用，所以防水层的制作对绿色屋顶建造的成功与否至关重要，若其破裂，出现渗水漏水问题，将直接影响到建筑屋顶的结构。防水层因处于整个层次的最底部，对其进行修复也非常困难，若要修复必须对建造其上的绿色屋顶的各个层次均进行移除从而能重新铺设，这样一来，原来投入的成本将付诸东流，白白耗费。所以防水层所需具备的特性有以下两点；首先是其本身的不透水性，这是防水材料最基本的特性。二是防水层的耐久性，需满足规定的使用年限。

土壤基质层是屋顶植物赖以生存的有机环境，但是跟地面绿地的要求大相径庭。屋顶基质层应选用轻质多孔材料，保证排水和透气，厚度根据不同的类型要求有不同的设计。但因地区气候的差异和屋顶种植的不同要求，绿色屋顶的结构之间也有细微的调整。为了保护屋顶防晒隔热保温，通常会在结构中加上保温隔热层，这个结构有时候也包含在建筑结构层内设计，但现在普遍放置在防水层之上，防止防水层发霉或变形。有的设计师在防水层上加盖混凝土保护层也能起到相同的作用。如果想要达到更好的绿化效果，增加植物的层次丰富度，那么必须在防水层上设置隔根层，防止一些深根系植物破坏屋顶结构，法国的索普马设计公司就将防水层与屋顶结构层和隔根层设计在一起使用，极大地减少了绿色屋顶的工程量。

3. 绿色屋顶的类型

对于绿色屋顶的分类方法有很多，目前最常用的是根据绿化种植模式将绿色屋顶分为密集型绿色屋顶、粗放型绿色屋顶和半密集型绿色屋顶三种。

图 3-2　密集型绿色屋顶

(1) 密集型绿色屋顶。密集型绿色屋顶就是我们狭义上说的屋顶花园，也称作精绿化屋顶（图 3-2）。这种绿色屋顶一般出现在人可以进入的、大面积的公共建筑屋顶之上，主要注重绿色屋顶的功能性、安全性设计。它的设计与地面园林绿地很接近，需要集游览、休闲、造景于一体，除了要配置丰富的乔灌草植被景观外，还需要加入很多的园林小品，有些大型公建的绿色屋顶甚至设有大面积水池、车行道和防火防灾设施。这种屋顶的构造层厚度一般为 25～100cm，工程重量为 100～200kg/m^2，水饱和状态下的重量为 300～400kg/m^2，承重结构的静荷载需要在 300～1500kg/m^2 的范围内。而且一般情况下，设计密集型绿色屋顶的屋面坡度要小于 10%，才能防止屋顶绿化的构造层移位。

由于设计、设施的丰富程度以及承重结构的高要求，密集型绿色屋顶的前期造价一般比较高，而建成后的高使用频率和众多的游览人群，导致屋顶后期的养护修剪费用也比较高。但带来的效益却是非常可观的，所以比较适合政府级别或大型商业区企业投入建设。

(2) 粗放型绿色屋顶。粗放型绿色屋顶是最简单却是目前应用最广泛的一种绿化模式，也称作粗绿化屋顶。一般出现在人们看不到或只能从高空俯视的屋顶之上，是为了解决城市生态效益而增加的绿地面积，除了维修一般不允许人进入。密集型绿色屋顶是通过创造最适应的植物生长屋顶环境，为植被生长创造条件，而粗放型绿色屋顶则是选择适合其生长环境的植物来达到最佳生态效益，所以多采用耐旱、耐热、耐寒、耐强光、抗风和少病虫害的低矮的苔藓、景天、花卉等草本地被植物，创造出粗放地、接近自然的屋顶生境（图 3-3）。这种屋顶的构造厚度一般为 5～15cm，工程重量为 15～30kg/m^2，水饱和状态下的重量为 30～60kg/m^2，承重结构的静荷载需要在 60～200kg/m^2 的范围内。根据结构类型还可将粗放型绿色屋顶分为：植被垫覆盖结构，内置种植池结构，移动模块盘结构。在绿色屋顶发展相当不错的德国，接近 80%的屋顶均为粗放型绿色屋顶。很多国家或地区的坡屋顶或高层建筑也多选用这种绿化模式。

由于这种屋顶不提供人的游览空间，植被也多为低矮型，所以几乎不需要特别的养护和修剪，仅用自然降雨和适量的自动喷灌系统就可以完成后期的管理工作。可以说是一种"低养护、免灌溉"的屋顶种植模式，但是其带来经济、社会和生态效益却十分惊人，被欧美国家称为"生态毯"。

（3）半密集型绿色屋顶。半密集型绿色屋顶介于密集型和粗放型之间，也称作简单精绿化屋顶。一般出现在人可以进入但不经常进入的私人建筑或低矮住宅屋顶之上，既注重生态效益也注重人们的游览观赏性。它的设计处于自然野趣和人工雕琢之间，植被设计以花卉、低矮灌木为主，基本放弃了乔木和较高灌木（图 3-4）。这种屋顶的构造层厚度一般为 15～25cm，工程重量为 20～90kg/m^2，水饱和状态下的重量为 40～200kg/m^2，承重结构的静荷载需要在 180～300kg/m^2 的范围内。在一般情况下，半密集型绿色屋顶在 20°～25°的坡度范围就可以实现。

图 3-3　粗放型绿色屋顶

图 3-4　半密集型绿色屋顶

这种绿色屋顶由于屋顶承载力和设计丰富度都低于密集型绿色屋顶，所以它的造价和养护修剪费用都相对较低，比较受私人或房地产商的青睐。

4. 绿色屋顶设计原则

（1）安全原则。安全原则是屋顶绿化建设首要考虑的问题，是绿色屋顶的保证，贯穿绿色屋顶建造的全过程。绿色屋顶的关键技术是屋顶结构的承载能力和防水技术，所以采用轻质营养植土与无眠的防水、绿化隔层板、过滤泥水防止落水管阻塞都成为了绿色屋顶的重要技术要素。

1）结构安全。保证在屋顶绿化后，建筑的结构安全是绿色屋顶建造的先决条件，无论是建造什么形式的绿色屋顶，均必须在建筑荷载允许的前提下进行设计和施工，如果绿色屋顶所附加的荷载，超过建筑物的结构构件的承受能力，将破坏整个建筑的结构，导致建筑楼面的开裂甚至坍塌，带来危险。因此，绿色屋顶的设计应首先考虑到建筑结构的限制（必要时配合建筑结构工程师进行设计）。

2）防水排水安全。保证良好运转的防水、排水系统。设计的绿色屋顶虽然有保护屋顶的防水层，但是，后期造园过程是在已完成的屋顶防水层上进行的，在极为薄弱的防水层上进行绿化和园林小品作业，极易造成破坏，会带来屋面漏水，又因防水层是在绿色屋顶的最下层，这就将导致耗费工时、复杂的翻修带来经济损失。因此，屋顶花园的设计、施工和管理人员应高度重视。以免造成花园没建成屋顶先漏水。

3）使用安全。绿色屋顶自身的使用安全。对于一些游憩型绿色屋顶来说，因须满足日常的频繁使用、游赏，必须在其四周增设牢固的防护措施，防止人、物落下等意外的发生。屋顶女儿墙虽可以起到栏杆作用，但其高度应至少超过 1m 才能保证人身安全，如不满足则必须加铁栏杆以便达到要求，同时还应满足相应的强度要求。另外还应该保证屋顶种植的灌木和乔木在高空风力较强和基质疏松的环境下的安全稳定。

4）科学性。屋顶花园由于与大地隔开，生态环境发生了变化，要满足植物生长对光、热、水、气、养分等的需要，必须站在科学的角度，采用新技术，运用新材料。很多国外的公司都积极参与到了绿色屋顶绿化产业的研究与开发中，经常推出新技术、新材料，促进了立体绿化产业的发展。现在国内也涌现出一批专业的屋顶绿化企业，他们引进和开发出来薄层栽培基质，抗植物根穿刺高分子复合防水卷材、渗排水组合，绿色屋顶专用轻质建材、绿色屋顶用草等产品丰富了国内屋顶花园景观市场。设计师应充分研究和了解各个相关学科特征，运用现代科技手段，强调科学的设计方法、合理的统筹和综合，将现代科技与生态科学完美结合。

（2）生态原则。衡量一个绿色屋顶的好坏，除满足不同功能外，还应该重点强调体现其重要的生态价值。按照生态学原则，景观设计建造的最终是要形成一个完整科学的生态自然系统，绿地系统通过各组成部分之间能量和信息的流动、彼此协调契合为一个整体，共同发挥改善城市环境的功能。而绿色屋顶正是城市绿地系统的一个重要补充环节，将彼此独立、互不干扰的城市绿地空间在功能和要素上进行连接，促进生态过程的流动。它的建造实质作用即提升城市的绿色空间整体性，要以生态学为基础，成为生态系统的载体之一。

1）屋顶以植物为主。生态原则首先体现在以“绿化”为主的绿化具体形式上。绿色屋顶可以做成自然式、规则式、混合式，但总的原则是要以植物为主，考虑如何实现植物的生态效应，其他的园路、休息设施、小品等只是适当的点缀。绿色屋顶必须保证有一定数量的植物，绿化覆盖率指标为 50%～70%，才能够发挥绿色生态效益、社会效益和经济效益，通过它来增加整个城市的绿化覆盖率，进而实现它减缓城市热岛效应、改善城市环境的生态价值。植物造景包括以下三方面的特性：一是园林的观赏性，创造宜人景观；二是有可持续性，能够改善环境质量，调节小气候，维护生态平衡；三是保证生态结构的合理性，通过合理的时间、空间，营造结构与环境一起组成和谐的统一体。

在植物的选择上，尽可能使植物的种类、布置密度和地面的含水量做到丰富多样，创造良好的自然生态环境，相较于物种单一的绿化形式，多样性导致绿色屋顶的稳定性，而且面积越小要求越高。此外要根据区域的自然环境特点，在植物配置方面优先选择乡土树种，注意培植有地方特色的植物群落，形成植物的季相变化和竖向变化，营建适合屋顶环境的景观类型。作为对失去绿地的补偿，绿色屋顶应该有意识地对被破坏的生态系统进行补救，有日本植物学家就提出在屋顶上繁殖一些濒危的植物种类的想法。因为有些植物在现在的城市景观中根本无法正常生长，但在绿色屋顶中通过一系列处理后，就可以良好生长，因为绿色屋顶受到的人为干扰要少得多。这种对小生态群落有意识地建立，对恢复生态系统中物种的多样性也起到了一定作用。

2）因“顶”制宜。在园路的组织、建筑小品的位置与尺度、地形的处理和植物的选择等方面根据具体屋顶不同做具体设计。数十米高的屋顶与地面相比，高空太阳辐射强、日照时间长、温度高、蒸发旺盛、温差大、风力大，雨水冲刷力强。土壤全靠外面输入，保水性能差，空气湿度小，水源特别少，自然条件完全不占优势。因此，由于植物和建筑小品等所处的生态环境极不稳定，自然条件独特，所以在不同的情况下应采取不同的方案和方法，确保植物在建筑荷载能力范围内生长良好，营造出更生态的景观。

3）运用再生节能材料。绿色屋顶的生态设计还体现在一种整体的意识，小心谨慎地对待生物、环境，反对孤立的、盲目的设计行为；要坚持自然观，采取依附自然，再现自然、因借自然等手法，在自然中确定自己适当的位置和形态。在设计用材和建造技术上，现在的绿色屋顶都有了新的突破和发展。这些新材料新技术乃至新的设计元素，都在以越来越生态的方式呈现。比如再生、节能、废物利用等。铺地上采用可重复利用的人工烧制砖材、陶瓷材料或观感自然亲切、质感舒适宜人的木材、石材、砂土类天然材料。保护和利用自然资源，在设计中积极利用新技术来提升生态价值，减少能源消耗，降低养护管理成本。利用太阳能为庭院供给照明和音响设备用电；采用循环设计理念，收集雨水为灌溉和水景提供主要资源；在水体自净、净化环境和促进生物多样性方面进行详细的设计。

（3）经济原则。绿色屋顶与地面绿地相比在建造施工上更为复杂，在经济造价上必然会更高。因此设计时应精打细算，把资金用在适当的地方，选最合适而不是最昂贵的材料，结合实际情况作全面考虑，充分利用可再生景观材料，倡导低成本、低维护的生态理念，节约施工和后期养护管理所需的人力、财力、物力，以最经济的材料和低成本的养护技术措施，达到最好的绿化效果。经济原则是城市绿色屋顶建设的根本，无论多美好的景观，从现有条件来看，只有尽量降低造价及后期管理成本，才能使绿色屋顶得到普及，实现城市绿色屋顶的成本合理、维护费用适中、生态效益最大的可持续发展。

（4）艺术性原则。绿色屋顶不能只达到“绿”的基本要求，更要能满足一定的审美要求。加上绿色屋顶由于其场地较小，所处环境和场地受建筑物平面、立面限制较大，所以要更加精美、精巧、别致，设计成功、风格独特的绿色屋顶是建筑与景观造园完美统一的精品。对于游憩型绿色屋顶来说，要充分利用其荷载上的优势，根据具体的使用功能需要，通过园林小品的合理安排，结合乔木、灌木、地被植物的综合配置形成丰富的园林空间，为使用者营造优美舒适的游憩环境。而对于覆被型绿色屋顶来说，虽然它只能以低矮灌木、草坪等地被植物进行简单的绿化为主，通常不允许人员活动、游览，但是通过精心的植物造景设计同样也可以创造出令人赏心悦目的景观。

绿色屋顶的规划在设计时应考虑其与建筑的关系，花园内部各要素之间的关系，以及与周围环境之间的关系，建筑与绿色屋顶是一个统一的整体。

（5）功能性原则。考虑到经济成本，目前部分绿色屋顶的功能性已经逐渐淡化，主要强调生态性，但对于密集型绿色屋顶来说功能性原则在设计中仍然是极其重要的一部分，是建造绿色屋顶的根本目的。由于绿色屋顶的功能十分多样，所以设计方法也体现出针对性，需要满足不同建筑类型的使用要求（住宅、办公、宾馆、医院、商业类等）。其实，绿色屋顶的产生本身就是为了满足某种功能的产物。巴比伦“空中花园”实际上是一个具有居住、娱乐功能的园林建筑群。挪威等北欧寒冷国家，为了度过漫长的冬季，设计草坪屋顶进行保温。在树木缺乏的平原，当地人们设置草坪屋顶，防止屋顶土层流失，并形成温度隔离层。办公楼的绿色屋顶主要是为了满足公司员工户外交流、休闲及对外商务洽谈等活动。绿色屋顶设计时要关注人与生活，而不仅是形式和构图，以人和人的活动为导向合理安排和组织功能布局，满足人的心理、生理需求，使功能设计更加的人性化。针对不同年龄段（儿童、青年、中年、老年）、不同角色（游客、家人、职员、学者）的特征、需要、文化、品位、素质，来营造适合特定群体的审美情趣和欣赏水平，强调其对自然、社会、生态、艺术、历史等的独特理解。

表 3-1　　绿色屋顶功能具体阐述

绿色屋顶的功能	具 体 阐 述
生态效益	降低区域温度，改善热岛效应 改善雨洪问题，净化雨水 提供生物栖息地及迁徙中间站 净化空气 调节小气候，缓解热岛效应 降声减噪
经济效益	保温隔热，节省建筑开支和能耗 延长屋顶材料使用寿命，减少后期维护费用 增加建筑吸引力，使建筑保值或增值 相较于拆迁移民，改造屋顶的费用更为经济 结合地形设计，提高土地利用率
社会效益	丰富视觉景观，提高城市宜居度 提供安静愉悦的修身养性之所 促进娱乐休闲与交流 保护历史文化区域 提高公众环境意识

5. 绿色屋顶的效益概述

绿色屋顶虽谈不上是解决一切问题的灵丹妙药，但其功效却不容小觑。与其他在建筑内外所采取的有益环境措施一样，绿色屋顶对人们的生活及其环境具有积极影响。2003年的一份报告显示，在绿色建筑内工作的人群效率要远远高于处于不环保的建筑中的人群。进行屋顶绿化的原因是多种多样的，绿化后的屋顶还可以起到不同的功能，主要表现为生态效益、经济效益和社会效益（表 3-1）。绿色屋顶的作用是综合性的，有时往往是几大效益同时发挥作用，从而产生更多意想不到的功能。

（1）绿色屋顶的生态效益。

1）缓解城市热岛效应。随着城镇化进程的不断加快以及全球变暖，城市热岛效应（图 3-5）越加明显，热岛效应对人们的生活造成了严重的影响，增加城市绿化面积，提高城市绿化率是缓解城市热岛效应的最好方法，因此，屋顶绿化是缓解城市热岛效应的一条有效途径。据相关部门统计，热岛效应可以使夏天城市的温度高于郊区 4～8℃。联合国环境署的研究表明，如果城市屋顶绿化率达到 70%以上，那么城市上空 CO_2 含量将下降 80%，热岛效应将会彻底消失。

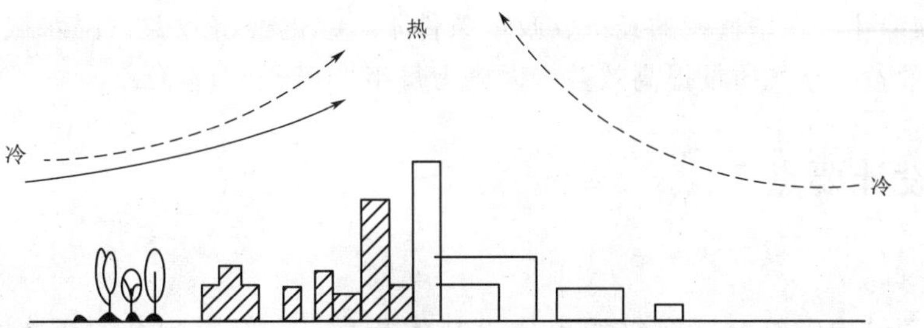

图 3-5　城市热岛效应示意图

2）消减城市径流峰值与径流总量、净化雨水径流。在降雨过程中，屋顶绿化基质层和蓄排水层的设置能够有效截留降雨量，消减屋面雨水径流量，延缓屋面雨水径流进入城市管网的时间，消减雨水径流峰值。研究表明，不同气候条件下，屋顶绿化可以截留 50%～70%的降雨，密集型屋顶绿化年径流消减率为 65%～85%，开敞型屋顶绿化年径流消减率为 27%～81%。与此同时，雨水径流经植物—土壤—微生物—蓄排水层对径流中污染物吸附、拦截和微生物降解等作用，雨水径流得到净化。

3）净化空气、减少噪声。城市人口密集，机动车尾气、工业废气的排放对空气质量影响很大，机动车轰鸣声、娱乐场所噪声等致使城市噪声污染严重，屋顶绿化对城市空气、减少城市噪声具有重要作用。研究表明，屋顶绿化通过直接吸取污染物，减少空气中污染物量，从而提高空气质量。一组来自加拿大的研究表明，如果多伦多市 6%的建筑物屋顶改造屋顶绿化，其空气质量显著提高，空气中的 NO_x 和 SO_2 浓度，PM10 将被去除多达 30t。屋顶绿化同时可以有效地减轻城市噪声污染，能够减少 3dB 城市噪声，在有隔音层的情况下可消纳 8dB 以内的噪声，对于居住在机场、娱乐场所和工业园区附近等噪声严重场所的人们至关重要。

（2）绿色屋顶的社会经济效益。

1）实现建筑节能。屋顶绿化的设置能够对建筑物起到保暖遮阳的作用，有效地调节室内温度，实现冬暖夏凉的效果，具有节省能耗的效益。有学者研究发现，如果将纽约市 50%的屋顶都改造成屋顶绿化，整个纽约市屋顶温度可降低 0.1～0.8℃，将显著降低使用空调系统和供暖设备的建筑物的能耗水平，减少资源浪费，实现建筑节能。

2）延长屋顶寿命。普通屋顶的使用寿命一般为 15～25 年，随着使用时间的增长，受紫外线辐射和臭氧氧化，屋顶防水层老化速率较快，导致防水材料老化坏损，以至于形成裂缝产生渗漏。屋顶绿化的设置，可以避免阳光直射屋顶，调节昼夜温差，屋顶表面昼夜温差大幅降低。有研究表明，屋顶绿化的特性表现为在室内空调状态时为隔热，在室内自然状态时为吸热，绿化的节能效果相当于附加了 40mm 厚的聚苯乙烯泡沫塑料或 200mm 厚的加气混凝土，屋顶绿化的设置能够延长的屋顶的使用年限。

3）降低城市绿地的建设成本。目前，随着城镇化进程的不断加快，一线和二线城市用地越加紧张，土地资源的紧缺，导致城市绿地建设成本急剧增加，如果将屋顶绿化生态效益折算纳入城市绿地中，则屋顶绿化的设置可以降低绿地建设开支。有研究表明：一个 2000m^2 屋顶绿化，在华盛顿的经济、政策条件下，总的经济效益（降水截留效益、建筑物耗能节约效益、空气质量提高效益）大概为每年 1195～6277 美元。

二、设计要点

1. 设计要求

绿色屋顶结构应符合《海绵城市建设技术指南——低影响开发雨水系统构建（试行）》、国家建筑标准设计图集（海绵城市建设系列）《海绵型建筑与小区雨水控制及利用》（17S705）、《种植屋面工程技术规程》（JGJ 155—2013）、河南省地方标准《屋顶绿化技术规范》（DB31/T 493—2020）的规定。

绿色屋顶典型构造如图 3-6 所示。

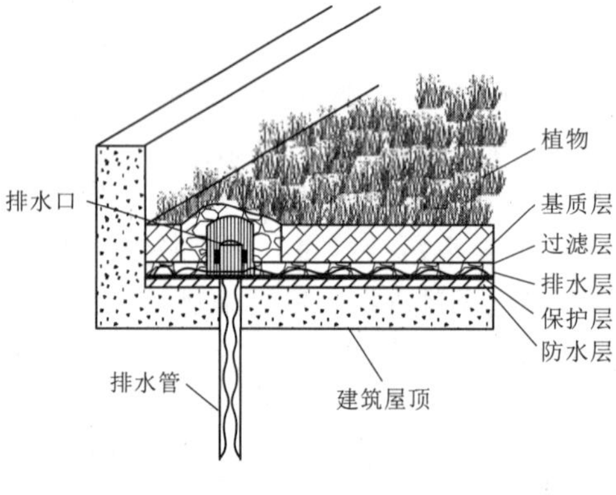

图 3-6　绿色屋顶典型构造示意图

2. 绿色屋顶的设计要点

（1）绿色屋顶基质厚度的确定。屋顶基质层厚度的大小由屋顶承载力、屋顶植物生长需求以及屋顶排水系统安装要求决定。屋顶基层厚度增加，对结构强度要求加强，通常需要结构专业进行负荷计算，不能影响其安全性能；屋顶植物生长需要阳光、空气、水和肥料，根系固定需要足够的土壤，营养物质不足植物达不到最佳状态，土层过薄暴雨期易被冲毁，最后的结果为雨水收集处理效率变低。

（2）绿色屋顶基质材料的选择。绿色屋顶可采用人工合成种植土，这类土可以根据生长需求进行成分和数量配合，调整养分和酸碱度，也可以选择轻质材料避免给屋顶结构带来过大压力。通常选的基质材料中含有多孔性的蛭石与珍珠岩、泥炭与再生砖等。

珍珠岩基质土具有透气性能良好以及排水性能可靠，能够平衡酸碱度，是一种优质的无土栽培基料；珍珠岩良好的吸水性能能够在短时间里吸收大量的雨水，推迟并减少屋面径流的产生，同时珍珠岩对磷的吸收效果极佳。再生砖大多是利用建筑废料为原材料进行研磨，加入纤维类物质，混合水泥、砂进行煅烧成型，具备较大的孔隙率和一定的强度，对屋面径流有控制作用，实验表明再生砖对氮和有机物的吸收能力较强。

（3）屋顶绿化荷载减轻措施。减轻屋面荷载通常可以采用轻质的排水材料，合理设置建筑小品、选择小型植物与简化排灌系统。

绿色屋顶可采用陶粒作为排水材料，其堆积密度为487.5kg/m^3，陶粒质量轻、孔隙大且颗粒均匀，便于通气蓄水；排水灌溉系统通常采用塑料材质；基质的选择在满足植物生长的前提先尽可能选用轻质材料；建筑小品的设置考虑荷载分布合理，植物选择是考虑其耐候性，对水中杂质分解性以及体型重量，一般避免选择高大的乔木，灌木和草皮居多。

此外屋顶花园存在漏水多、植被生长状态差、雨水量不足等诸多问题，很多与之对应的规划要求、设计标准和施工手册都还在研究完善阶段。后期应该重点关注屋顶绿化基质材料的选择与制备；注重研究不同地区不同条件屋顶绿化方案优选 ；重视屋顶防穿刺、防渗技术开发应用；同时应将绿色屋顶的设计建造与建筑规划、景观规划、给排水管网规划进行综合分析，做好建筑区域与周边水体和市政设施连接设计，提高雨水的综合利用效率。

3. 结构层设计

屋面结构层即原建筑屋顶是绿色屋顶成功最关键的因素，屋面以上的所有结构的重量都取决于屋面的荷载能力，这里的荷载包括静荷载和活荷载的总和，尤其绿色屋顶的设计对于屋面每一个点的承重要求都不同，所以鼓励建筑建造的同时考虑绿色屋顶，在设计时就考虑屋顶绿化相应屋面荷载，会大大降低绿色屋顶的造价。

防渗漏层即防水层的重要程度仅次于结构层，与地面绿地促进水分下渗不同，屋顶的土壤如果产生了水分的渗漏，结构层就会遭到破坏，影响安全性。

排水层和蓄水层是两个不同的结构，但现在的趋势是把两者合一设计，兼具储水和排水的功能，改善土壤的空气质量，保持湿度又能防止烂根。

透水过滤层的作用是过滤被水从基质层冲刷下来的杂质，并且让水顺利到达排蓄水层，防止土壤、护根物、植物残体等堵塞破坏蓄排水系统。

为了推广和加快绿色屋顶的落地使用，合理地设计和评价绿色屋顶雨水滞留能力的方法是必不可少的。但目前的设计大都依靠经验或类比的方式进行，而不能按雨水控制标准进行合理设计。另外，设计完成后，一般要等具体实施后，通过运行期监测的方式进行设计效果后评价，而不能在设计初期就对设计方案进行效果评价，从而可能存在设计不当问题。考虑到不同绿色屋顶的结构和建设区域等不同，建议结合试验＋模型模拟＋监测方式构建设计评价体系（图3-7，图中的LID为低影响开发措施，即海绵城市措施），真正实现快速定量设计和评价绿色屋顶雨水滞留效果。该体系包括试验测定基本参数、模拟定向调控与评价、运行期的监测等，提供有效的数据即可直接检验雨水调控效果，也可进行参数反演和率定，增加相似区域模型模拟的准确性，该体系还可结合其他海绵城市措施进行降雨产流调控。

4. 典型绿色屋顶结构设计图

国内典型的绿色屋顶结构设计图如图3-8～图3-11所示。

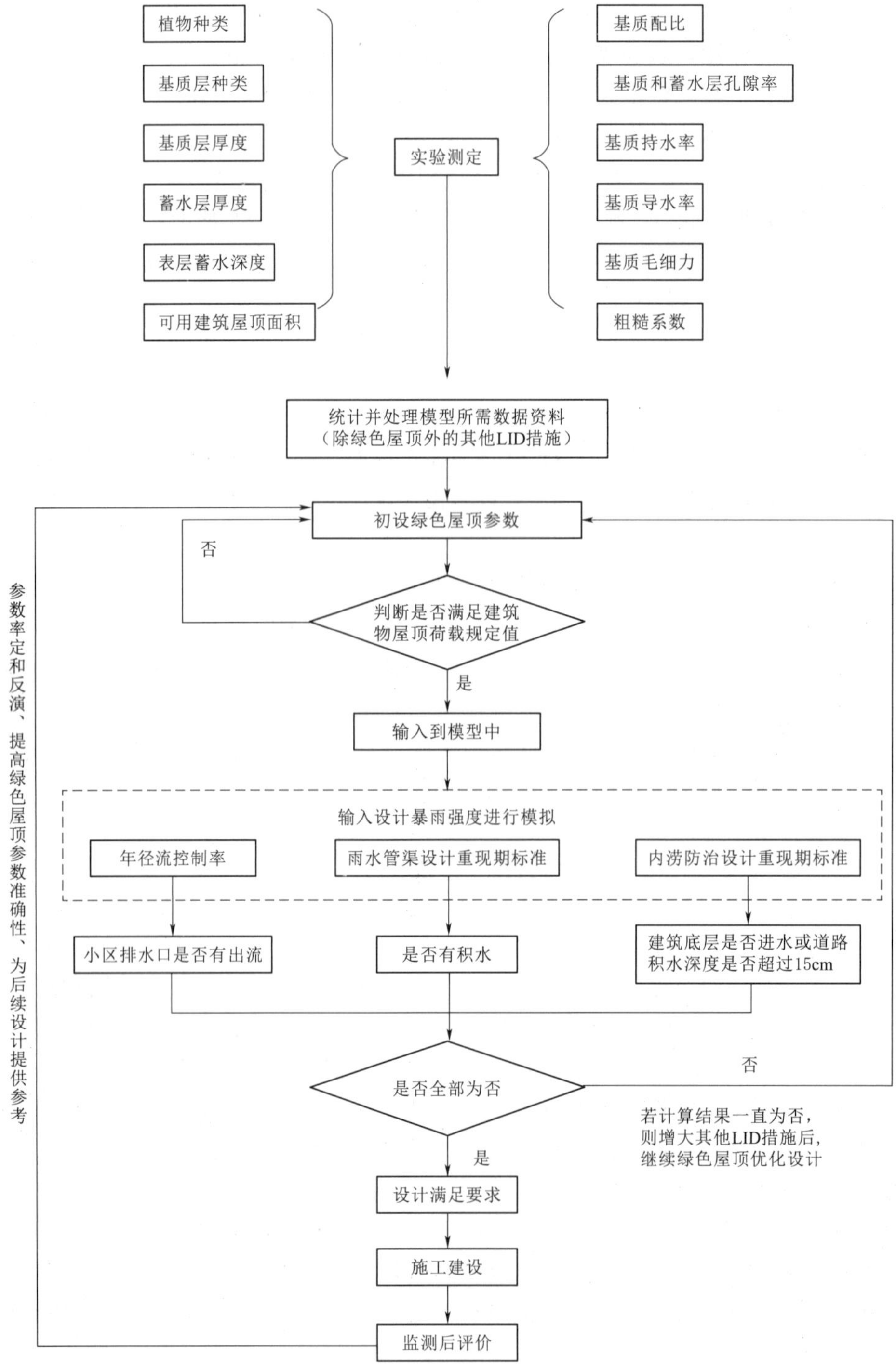

图 3-7　试验＋模型模拟＋监测设计和评价体系

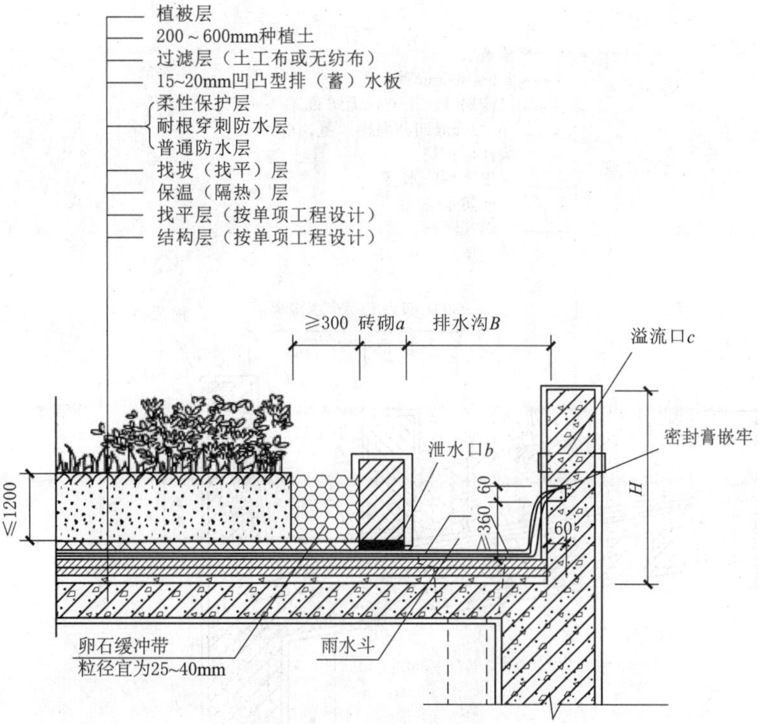

图 3－8　平屋面剖面图

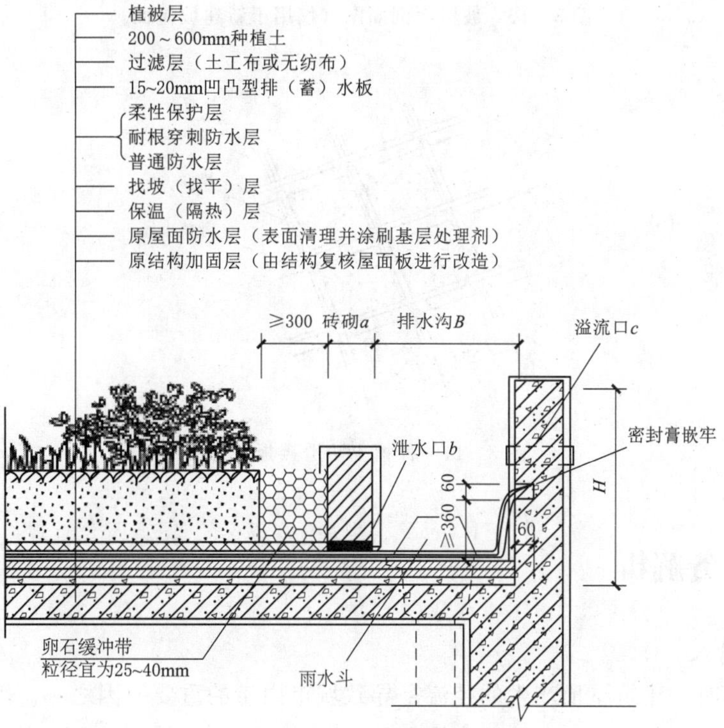

图 3－9　既有屋面顶剖面图

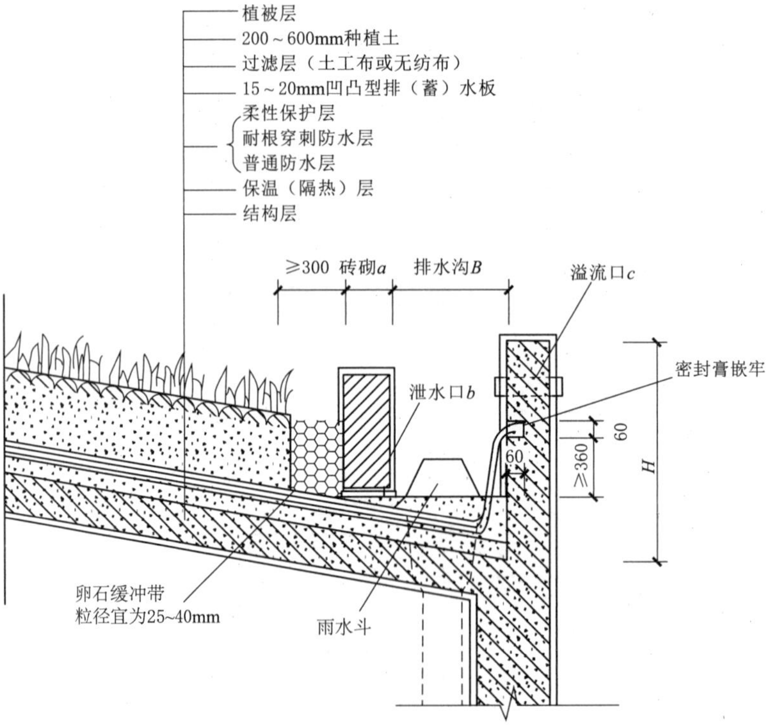

图 3－10　坡屋面剖面图（仅用于新建坡屋面）

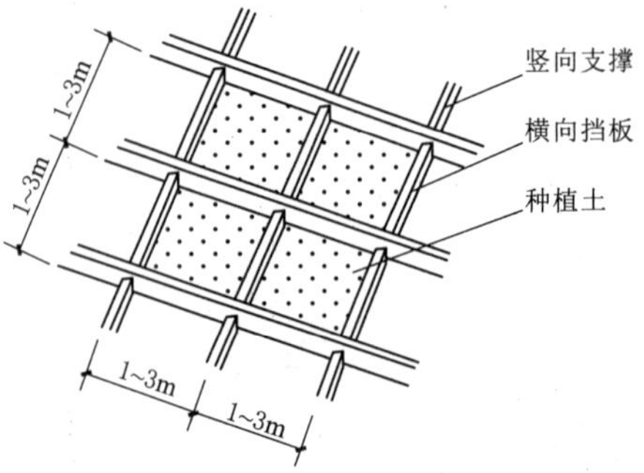

图 3－11　种植土防滑挡板示意图

三、任务解析

1. 任务引入

雨洪来临时，建筑屋顶产生的径流是导致城市内涝的重要原因之一。因此，将城市的建筑屋顶改造为绿色屋顶能有效缓解城市雨水径流压力。一方面，通过海绵结构来收集、储存雨水，并利用雨水进行浇灌，可以节省各种能耗；另一方面，绿色屋顶将形成良好的城市景观，提升城市的整体绿化率。

本任务以所在的校园（小区）的建筑屋顶为例，在典型结构基础上对关键结构层进行个性化设计，并从海绵城市建设视角设计绿色屋顶雨水径流路径。

2. 设计依据

本任务设计主要依据《海绵城市建设技术指南——低影响开发雨水系统构建（试行）》、国家建筑标准设计图集（海绵城市建设系列）《海绵型建筑与小区雨水控制及利用》（17S705）、《种植屋面工程技术规程》（JGJ 155—2013）、河南省地方标准《屋顶绿化技术规范》（DB31/T 493—2020）等行业与地方标准规范。

3. 设计目标

（1）根据相关标准规范，对不同情景下绿色屋顶的关键结构层进行个性化设计。

（2）在绿色屋顶层状结构设计的基础上，从海绵城市建设视角延伸设计"雨水链"。

4. 设计思路

绿色屋顶结构设计应满足安全原则（结构安全、防水排水安全、结构安全）、生态原则、经济原则、艺术原则，同时还应考虑其滞水、储水的功能。因此本任务的主要设计思路如下：

（1）仔细观察所在的校园（小区）建筑屋顶，并对其进行分类。

（2）明确每一类建筑屋顶的类型、所在的位置以及与周边汇水面的关系等，进而对绿色屋顶结构层进行个性化设计。

（3）结构层设计的要点有哪些？应注意哪些问题？

（4）在结构层设计的基础上，从海绵城市建设视角出发设计绿色屋顶雨水径流路径。

四、工作实施

（1）你所在的校园（小区）建筑屋顶的类型有＿＿＿＿＿＿＿＿＿＿＿＿＿＿＿＿。

（2）种植平屋面结构层设计：

1）种植平屋面的构造层次包括＿＿＿＿＿＿＿＿＿＿＿＿＿＿＿＿＿＿＿＿＿＿＿。

2）种植平屋面的排水坡度＿＿＿＿＿＿＿＿＿＿＿＿＿＿＿＿＿＿＿＿＿＿＿＿＿。

3）屋面采用种植池种植高大植物时，应注意＿＿＿＿＿＿＿＿＿＿＿＿＿＿＿＿＿＿。

（3）种植坡屋面结构层设计：

1）种植坡屋面的构造层次包括＿＿＿＿＿＿＿＿＿＿＿＿＿＿＿＿＿＿＿＿＿＿＿。

2）屋面坡度大于等于20%的种植坡屋面设计时应设置＿＿＿＿＿＿＿＿＿＿＿＿＿。

3）坡屋面满覆盖种植宜采用＿＿＿＿＿＿＿＿＿＿＿＿＿＿＿＿＿＿＿＿＿＿＿＿＿。

（4）既有建筑屋面设计：

1）既有建筑屋面改造为种植屋面拟选用＿＿＿＿＿＿种植土、＿＿＿＿＿植物。

2）既有建筑屋面改造为种植屋面拟采用＿＿＿＿＿＿种植。

3）既有建筑屋面采用覆土种植时，应注意＿＿＿＿＿＿＿＿＿＿＿＿＿＿＿＿＿＿＿＿

＿＿。

五、提交成果

根据所在校园（小区）建筑屋顶的类型，选择其中两种类型的屋顶进行结构层个性化设计，并提交以下成果：

1. 第一种建筑屋顶结构层设计示意图及关键位置设计示意图，并说明选用该设计方案的优势是什么？设计中应满足的使用条件是什么？应注意的问题有哪些？

2. 基于成果1中绿色屋顶结构层设计方案，结合该类型建筑屋顶所在位置及周边汇水面分布情况，绘制能反映该类型建筑屋顶雨水控制、管理、利用思路的“雨水链”框架流程图。

3. 绘制第二种建筑屋顶结构层设计示意图及关键位置设计示意图，并说明选用该设计方案的优势是什么？设计中应满足的使用条件是什么？应注意的问题有哪些？

4. 基于成果 3 中绿色屋顶结构层设计方案，结合该类型建筑屋顶所在位置及周边汇水面分布情况，绘制能反映该类型建筑屋顶雨水控制、管理、利用思路的“雨水链”框架流程图。

任务四　雨水花园设计

一、知识清单

1. 海绵城市关键技术——滞

滞流系统是指利用人工或天然集雨面，将降落的雨水汇集起来并通过植物等要素延缓径流速度的系统工程。滞留系统应尽可能选用渗透性材料及根系发达的植物类型。如：将传统屋面设计为屋顶绿地，不透水路面改为渗水铺装路面，绿地改为下沉式绿地，扩大水体调蓄容积。其主要作用是延缓短时间内形成的雨水径流量。例如，通过微地形调节，让雨水慢慢地汇集到一个地方，用时间换空间。通过“滞”，可以延缓形成径流的高峰。

雨水滞留设施一般都具备渗水性，通过“渗”与“滞”结合，大大减少地表径流量，涵养地下水源，推迟洪峰时间，减少城市内涝的发生。雨水花园是一种重要的雨水滞留措施，建设雨水花园能够有效地改变地表径流，雨水通过雨水花园时净化下渗，回补地下水资源，来不及渗入地下的雨水也可临时滞留于雨水花园之中，减少雨水外排，通过自然手段，将城市发展后的水文状况逐渐恢复到城市未开发时的水平。

海绵城市建设是以解决城市暴雨内涝与水资源短缺等问题为主要目的，通过海绵城市建设引导城市建设低影响开发设施，改变城市传统排水模式，提高雨水资源利用率。将海绵城市与雨水花园相结合，一方面，可以有效减少城市内涝频发现状，并且可以将雨水重新回收利用，缓解城市用水问题；另一方面，雨水花园为城市增加了新的景观，为城市空气新鲜、环境优美作出了巨大贡献。雨水花园的建设可以缓解城市用水矛盾，满足城市部分低水质用水的需求，减少对地下水资源的依赖；同时雨水花园也能改善城市地表径流状况，推迟洪峰出现时间，减轻城市排水管网压力，减少城市内涝发生次数，节约城市市政建设成本。雨水花园还可以与其他雨水集蓄渗透等低影响开发设施合并建设，发挥综合效益，使雨水过滤净化之后再渗入地下，在涵养地下水提高地下水位的同时，还可以调节城市小气候、遏制城市热岛效应。

2. 雨水花园的概念

雨水花园是一种雨水节流生态系统，作为海绵城市的重要组成部分，是保证雨水的滞留、净化和回补地下水的一个生态小群落。建设雨水花园可以解决城市洪涝和用水问题。

雨水花园的概念最早是由美国马里兰州的乔治王子郡的环境资源署在 20 世纪 90 年代将其作为一种传统的最佳管理措施的替代措施而提出的。较为初级及简易的雨水花园是一种低影响开发体系下的雨水管理设施，常见形式为一种种植灌木、花草及树木的具有景观效应的浅凹绿地，它吸收来自城市屋顶、道路、人行道、停车场及不透水的草坪等不透水区域的雨水，并通过土壤和植物的净化、过滤和下渗等方式来管理雨水径流。经过二十余年的发展，雨水花园的相关研究与应用日渐丰富，雨水花园的形式与构造也随着应用范围及尺度的不断丰富而不断进化和扩展。最初的较为原始的雨水花园是一种建筑周边的种植洼地，功效上以雨水的滞留、植物及土壤对雨水的净化、下渗补充地下水为主，形式及功效都还较为简易和单一。随着越来越丰富的实践与探索，现代雨水花园在雨水管理的功能上越来越高效、科学合理，应用尺度上也更加灵活和丰富，进而带来了景观表现形式的更加多变，景观艺术的设计空间也大幅提升。现今的雨水花园在雨水水量、水质的控制上更加科学，围绕雨水花园的雨水管理体系也更加具有系统性。丰富的应用尺度及多变的表现形式也使得现今的雨水花园的景观表现空间得到了扩充，因而雨水花园已从一种简易雨水管理的场地开发的工程措施发展为一种景观基础设施，无论在功能性和艺术性上都有了更大的提升。可以说，最初的雨水花园是一种具有一定景观价值的场地雨水管理措施，而现今的雨水花园更多的是融入了雨水管理理念的景观设计作品。

综上所述，雨水花园也可分为广义和狭义两种类型。凡是绿地建设中采用雨水收集、处理等生态技术，并且形成美观景致的都是雨水花园，如房顶绿化、道路绿化、广场绿化都可以归类到广义的雨水花园。狭义雨水花园是指自然形成的坑塘或人工挖掘的浅凹绿地，在坑塘或浅凹地里种植的植物及土壤的综合作用下使雨水得到净化下渗，涵养地下水资源；或者将雨水收集处理用于景观用水、提供生活杂水，甚至用于消防用水或应急用水，雨水花园是一种低影响开发设计、生态可持续的雨水利用设施。

3. 雨水花园的应用

德国是雨水收集技术较为发达的国家之一，代表地区是汉诺威康斯伯格地区。该地区为1.5万户居民提供了6000套用房，鼓励居民建设雨水收集的设施。在雨水收集的末端，采用了不同形式的雨水花园。不仅增添了美感，也对减少噪声污染、空气污染等环境污染作出了巨大的贡献。美国的雨水花园始于20世纪90年代的乔治王子郡。该地区与开发商配合，鼓励当地居民建设雨水花园。目前，乔治王子郡几乎每家每户都建设了雨水花园，不仅节约了造价，也对减少径流污染等起到了明显的效果。乔治王子郡的成功也被美国的其他州所效仿，如俄勒冈州的波特兰市等。

我国的雨水花园技术应用较晚。2008年，北京的奥林匹克公园是雨水花园利用的典型，公园对雨水的收集与回用起到了明显的作用。上海的辰山公园，陕西省西咸新区沣西新城（图4-1）也是成功的典例。

4. 雨水花园的作用

（1）雨水资源利用。城市雨水的利用，是将无法集中收集或是在收集过程中有风险的雨水利用一定的方式进行收集，并在处理后应用于所需环节的过程。雨水花园作为低影响开发的设施之一，在分散收集、集中处理和低风险等方面具有自身的优势。利用地形条件，根据气候、水文等因素，

图4-1 沣西新城雨水花园

将分散的雨水转变为集中的水资源，由此为城市提供水源。对于干旱地区，这样的方式更有利充分发挥雨水花园的功能，提高雨水的利用率。

（2）缓解城市雨洪压力。城市化的发展，雨洪灾害不断加重，只有利用雨水花园缓解雨水压力才能有效解决这一问题。雨水花园的建设，其目的在于加快径流速度，通过滞留、渗透、雨水，将雨水资源化。相比传统的快速排放政策，雨水花园更加有效地缓解雨洪压力。

（3）净化水质。雨水花园对雨水的净化效果通常需要雨水净化系统的共同作用才能达到最好的去污效果。雨水花园作为绿地来建设，兼具功能性和美观效果，提升城市景观格局质量，是当今城市建设的最佳选择之一。其净化功能包括四部分：物理净化、植被净化、土壤净化和人工湿地净化。

1）物理净化：雨水花园通过收集、蓄存雨水使得一部分污染物有规律地沉降、固定于绿地之中，减少了其在风尘天气中四处扩散污染周边水源及城市环境的可能性。

2）植被净化：植被作为雨水花园净化雨水的最大功臣，在设计时最应该慎重考虑。植被的搭配选择，不仅能够影响对雨水的净化效果，还会对环境造成不同的视觉感受。

植被体系吸收雨水中的氮、磷等化学元素，不仅为自身的生长提供了养分，还起到了净化雨水的作用，对其是一种双赢局面，良性循环。植物可以吸收水中有机物，释放碳元素，净化土壤；植被叶片也具有对污染物的吸附功能，从而保证水质。

3）土壤净化：植物和土壤中所含微生物能降解渗入土壤的雨水中的有机物、重金属、污染物等。植被代谢作用与土壤微生物共同组成净化作用，维持环境生态平衡。特别是在人口密集处，能达到有效地控制病原微生物的扩散和传播的作用。

4）恢复水循环：雨水花园通过收集、净化、补充地下水来恢复水循环。包括两种方式，绿地渗透和设施渗透。首先通过自然渗透作用进行雨水的处理，当渗透达到饱和，就会产生地表径流，这时需要设置渗透设施进行雨水渗透。

5. 雨水花园的价值

（1）经济价值。雨水花园通过对雨水的净化、收集、再利用，改善我国水资源缺乏的现状，节省了资源的消耗，减少了城市用水成本，具有一定的经济效益。

例如东北的四个园区绿地，雨水花园的雨水收集、利用设施纳入园区基础设施建设之中。根据开发区的新鲜水费用及污水处理费用核算雨水利用经济效益。在此对 4 个开发区的雨水利用量均按抚顺地区价格标准计算，新鲜水价格为 1.45 元/t，雨水回用水处理费用按 1.20 元/t，工业污水处理费用按 3.12 元/t。计算可以看出，雨水利用将降低开发区新鲜水费用的 11.9%以上，最高可达 19.1%，经济效益明显。

此外雨水花园的建设改善城市环境，调节小气候、美化环境，各方面都进一步推动城市的经济发展，为城市带来更多的经济效益，成为城市的无形资产。

（2）生态价值。雨水花园作为一种生态技术措施，其在缓解雨洪灾害、水资源再利用、水质净化、雨水渗透等水处理利用方面表现出了极高的生态性，因此，其具有的生态价值毋庸置疑。

同时，雨水花园作为一种科普教育，丰富了人们的文化知识。还具有生态教育意义。雨水花园的建设，通过标识牌的设置，可以使更多的人了解这一生态雨水利用措施，并为人们提供了独特的景观体验。面对雨水花园对城市环境带来的各方面好处，人们自然会产生对其了解的兴趣，雨水花园在潜移默化地影响着市民的人口素质，也提升了人们对生态学的关注度。

(3) 艺术价值。

1) 外部景观形态：雨水花园的建设规划不修边幅，没有过多的人造痕迹，粗放的管理模式既经济环保又使其展现虽有人造、宛若天开的自然野趣之美。其带来的自然和谐的户外环境，满足了城市居民对自然景观的向往。

2) 内部景观形态：雨水花园的景观形态是从美学及艺术的角度出发，对具有雨水收集处理优势的补充和进一步的景观提升。其内部景观形态的丰富程度正是景观学科在完善生态理念和设计思想上的优势。

以往人们追求的经过精心雕饰与养护的园林景观已不适合于当今景观设计的发展，不仅破坏了生态系统还使景观失去了其本身的自然之美。雨水花园的建设，将景观的外在美与内在的功能性完美结合，向人们展示了园林景观不仅要拥有自然的外貌，还要具有自然的内涵，内外兼修，才算是真正的自然之美。

6. 雨水花园的结构

雨水花园的结构组成依据其雨水管理功能的不同而有着不同的构成。较为常见的雨水花园的核心部分构造组成通常由5个部分组成（图4-2）：蓄水层、覆盖层、种植土层、人工填料层、砾石层。蓄水层还应配合设计溢流设施，溢流设施的高度根据园中植物的耐涝特性以及雨水花园的尺度及其处理雨水的能力来确定，使超出其雨水管理量的雨水得以从溢流设施排入周边排水系统中。根据雨水花园与周边建筑物的距离和环境条件可以采用防渗或不防渗两种做法。当有回用要求或要排入水体时还可以在砾石层中埋置集水穿孔管。

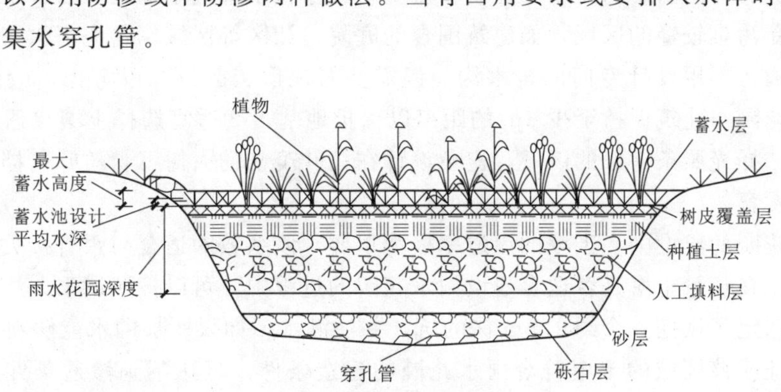

图4-2　典型雨水花园结构示意图

各层主要构成成分、厚度及功能如下：

(1) 蓄水层。为暴雨提供暂时的储存空间，使部分沉淀物在此层沉淀，进而促使附着在沉淀物上的有机物和金属离子得以去除。其高度根据周边地形和当地降雨特性等因素而定。一般多为100～250 mm。

(2) 覆盖层。一般采用树皮进行覆盖，对雨水花园起着十分重要的作用，可以保持土壤的湿度，避免表层土壤板结而造成渗透性能降低。在树皮－土壤界面上营造了一个微生物环境，有利于微生物的生长和有机物的降解，同时还有助于减少径流雨水的侵蚀。其最大深度一般为 50～80mm。

（3）种植土层。种植土层为植物根系吸附以及微生物降解碳氢化合物、金属离子、营养物和其他污染物提供了一个很好的场所，有较好的过滤和吸附作用。一般选用渗透系数较大的砂质土壤，其主要成分中砂子含量为 60%～85%，有机成分含量为 5%～10%，黏土含量不超过 5%。种植土层厚度根据植物类型而定，当采用草本植物时一般厚度为 250mm 左右。种植在雨水花园的植物应是多年生的，可短时间耐水涝，如大花萱草、景天等。

（4）人工填料层。多选用渗透性较强的天然或人工材料，其厚度应根据当地的降雨特性、雨水花园的服务面积等确定，多为 0.5～1.2 m。当选用砂质土壤时，其主要成分与种植土层一致。当选用炉渣或砾石时，其渗透系数一般不小于 10^{-5} m/s。

（5）砾石层。由直径不超过 50mm 的砾石组成，厚度为 200～300mm。在其中可埋置直径为 100mm 的穿孔管，经过渗滤的雨水由穿孔管收集进入邻近的河流或其他排水系统。

通常在填料层和砾石层之间铺一层土工布是为了防止土壤等颗粒物进入砾石层，但是这样容易引起土工布的堵塞。也可在人工填料层和砾石层之间铺设一层 150mm 厚的砂层，防止土壤颗粒堵塞穿孔管，还能起到通风的作用。

7. 雨水花园的类型

根据功能性可将雨水花园划分为以下类型：

（1）控制雨水径流量主要目的。顾名思义，此类花园首先考虑通过植被、土壤的共同作用达到滞蓄、下渗雨水的作用。控制径流量，且净化水质，增加地下水含量。一般常用在雨水径流受污染较轻的区域，如建筑围合的庭院，社区等区域。这类雨水花园不需要过于复杂的结构，不用设计专门的排水沟。但需要对地形、区位加以考虑。应注意以下几点：①雨水花园与建筑保持至少 3m 的距离以保护地基；②适宜选择土壤渗透好的低洼地区；③尽量选择光照条件好的区域，避免设计在枝叶茂密的大树下，树叶遮挡阳光，影响植被的生长发育。

在雨水花园的建设中，土壤的渗透率极为重要，该系数的适合与否直接关系到能否营建雨水花园。在衡量土壤是否适合建设雨水花园的过程中，可以按照以下方法进行初步测定。首先在选定区域挖一个约 1.5m 深的坑，并注满水，如果所加的水能够在 24h 全部渗入地下，则证明该区域的土壤符合雨水花园的建造条件，若达不到渗透条件，将须局部换土。

（2）以降低雨水径流污染为主要目的。此类雨水花园考虑在滞留、渗透雨水的过程中，利用植物净化雨水。常设置在人员密集的道路、车辆较多的停车场等易产生严重雨水污染的地区。

此种类型的雨水花园对底层结构、土壤渗透系数及植被选择上更加严格。在土壤的配比、底层结构以及植物的选择上应该更加讲究，其砂质壤土与黏土的含水量分别约为 35%～60%和 25%，K（土壤渗透系数）大于 0.3m/d，土壤中含有的木屑及腐质材料有利于雨水花园的功能提升。此类雨水花园需包含净化和下渗滞留雨水的双重作用，所以结构亦相对复杂，需设紧急溢流设备。

除了按功能可以将雨水花园分类，在不同应用场地，雨水花园也可以分为不同类型：屋顶式雨水花园、街道式雨水花园、公共区域雨水花园等。

坡度较小的建筑可采用绿色屋顶，例如住宅小区、工厂等建筑屋顶，在屋顶适当种植绿色植物，通过落水管或集水井等设施将屋面雨水引入周边绿地、草坪等小型、分散的场地，或通过植草沟、雨水管网将雨水引入集中调蓄设施。绿色屋顶对建筑材料有较高的要求，要优先选择对雨水水质没有影响或者影响较小的环保材料，减轻雨水过滤净化的压力，从而节约建设成本。

街道式雨水花园主要应用于道路两侧等，道路硬化导致雨水难以下渗，在道路两侧修建雨水花园，采用下凹式绿地，可以集中收集道路雨水，当暴雨来临时，雨水不再快速排走，而是流入道路两侧雨水花园，下渗吸收并过滤存储。街道式雨水花园设计要综合考虑道路横向、竖向设计以及道路绿化带等方面。路面雨水首先汇入道路绿化带及周边下凹式绿地内，下凹式绿地内设有溢流管，多余的雨水可以通过管网进入城市雨水管渠系统、超标雨水径流排放系统。

公共区域雨水花园主要指应在于停车场、广场、公园等公共区域设计的雨水花园。停车场、广场等应改变原有硬化地面，采用透水性铺装材质，使雨水容易下渗和汇集到周边的雨水花园中；公园内雨水花园应结合小型景观水体、公园湿地等将地表雨水有组织地汇流，进行雨水调蓄，用通过生物沉淀过滤技术净化雨水提高水质，利用湿地、湿塘等设施提高水体的自净能力。

8. 雨水花园设计因素

（1）选址。

1）水平面较低之处，能够迅速收集、下渗降雨。

2）可提升建筑外观效果之处。

3）能获得大量光照之处。

4）周边较平缓之处。

（2）水文条件——降雨特点。全年降雨量的大小及降雨强度的差异会对径流、集流作用产生严重影响。降雨量和雨强与径流、集流效率呈正相关。所以，对降雨量的分析对雨水花园的设计至关重要，直接影响了雨水花园的设计面积及类型选择。

（3）雨水花园形态营造。

1）大小。雨水花园大小较为随机，但以小型雨水花园为主，面积从几十平方米到几公顷不等。但据国外数据分析，$250m^2$ 大小为最佳面积。面积过大雨水下渗过慢易发生堵塞的现象。

2）深度。一个典型的雨水花园是应该是 10～20cm 深。若其深度不足 10cm，导致渗水面积不足，就需要外接蓄水设施。若其深度大于 20cm，则会影响景观效果，并增加了幼儿的危险系数。

3）土壤结构。土壤结构严重影响着雨水的下渗速度，一般因维持在 1～4h 的下渗时间，会避免蚊虫的滋生和异味的产生。由于砂土渗透率较强，并有助于植物根茎的生长，利用根茎穿透土壤以使水下渗，因此砂土是雨水花园的理想选择。而黏土具有较差的透气性和渗透性，一般不选择其作为花园基层土壤。

土壤基床作为雨水花园重要的要素之一，其特性对雨水的净化和滞留有至关重要的作用。一般选用黏性土质，渗透率为慢到中等最佳，土壤渗透率 0.25～1cm/h 为宜。表 4－1 为不同降水条件下各类土质的渗透效率。

表 4－1　不同降水条件下各类土质的渗透效率

平均降雨量/mm	自然土坡	混凝土	黏土	砂土	壤土
200	0.018	0.006	0.25	0.30	0.45
300	0.025	0.014	0.27	0.38	0.49
400	0.046	0.023	0.34	0.44	0.59

4）边缘线。雨水花园的边缘线设计为不规则式，如图 4－3 所示，可以扩大植物、土壤与污染物的接触量，易于除去水中污染物。传统生硬的混凝土方式的边缘线，既不具有自然生态性，又影响了植物去污能力，因此，设计者应因地制宜，采用自然式的岸线设计方法，创造自然野趣的环境。

图 4－3　不规则边缘的雨水花园

5）坡度。为使雨水渗透速度减缓，增加渗透率，设计坡度较缓，会减缓降雨汇流速度；陡缓穿插的坡度优于同一连续坡度，研究显示，坡度保持不变也会加快径流速度。表面坡降比设计通常按 0～1%，具体还应随填料物理属性不同而异。

（4）周边环境的搭配。周边环境是连接雨水花园与其他环境的中介，需对其特别考虑。设计因避免大量混凝土搁筑及周边大面积草坪的设计方式，草坪既不利于维护，自我调节能力也不高，极易将污染物顺势冲刷至雨水花园，造成更严重的污染，既不经济也不环保。因此，雨水花园周边设计不宜采用大面积草坪的做法。理想的做法应该是利用土壤等自然要素形成过渡区，加强花园的自然调节能力，同时也创造了一个动植物栖息地。

9. 雨水花园植物设计

（1）雨水花园植物设计要点。

1）明确雨水花园植物选择原则。雨水花园的植物选择要考虑多方面的因素，既要满足雨水花园的特殊水文环境，又要充分发挥植物的功能特性及景观特性。雨水花园中植物要素的营造应当优先选取地域性本土植物，选择根系发达、净化能力强、具有短时耐水淹特性的植物。雨水花园中的植物选择要充分考虑植物在雨水花园中的生长环境、处理效果、景观效果等，使植物在雨水花园中既能适应相应的生长环境，又能形成较为良好的景观效果。

2）依据淹水状况合理配置植物。雨水花园中因雨水管理功能的不同，雨水花园区域内都是具有湿度梯度的，不同区域有着不同的水淹情况，如雨水花园的边缘区基本不可能存在被淹没或很潮湿的状态。植物的种植应根据相应区域的水淹条件选择生长习性不同的植物。依据湿度梯度的不同区域，雨水花园的种植区大体上可分为蓄水区、缓冲区和边缘区。其中，边缘区无蓄水能力，种植植物应考虑选取耐旱植物；缓冲区有一定的雨水调蓄功能，需要植物有一定的耐淹又耐旱以及耐雨水冲刷能力；而蓄水区对植物的耐淹能力要求最高，也是雨水净化的主要区域，需要耐水淹及具有净化功效的植物。

3）把握植物美学特性营造景观表现。景观设计中想要营造精致的景观环境，植物的美学特性及其种植设计带来的观赏特征是十分重要的。植物的美学特性主要表现在植物的大小、形态及色彩表现方面。在植物景观的视觉表现上，要利用植物的大小、形态、质地及色彩来表现。色彩是植物最引人注目的观赏特征之一。雨水花园植物设计中要注重植物的四季色彩表现，应多考虑夏季和冬季的色彩，因为夏冬两季占据着一年中的大部分时间。

（2）植物的观赏特性。

1）植物的大小。植物最重要的观赏特性之一，就是植物的大小。按照植物的高度、外观形态可以将植物分为乔木、灌木、地被三大类。更为细致地划分还可以分为大乔木、中乔木、小乔木、高灌木、中灌木、矮灌木、地被等类型。在景观设计选择植物素材时，首先应该推敲和考虑的是植物的大小。植物的大小直接影响着空间范围、结构关系以及设计的构思与布局。因此在植物设计中，植被的大小需要认真地选择与推敲。

2）植物的外形。植物的外形主要指单株的外部轮廓。植物外形的常见类型有圆柱形、尖塔形、圆锥形、伞形、球形等。植物的形态是一个重要的观赏特征，当植物被孤植或设计为焦点时，其外形的重要性就尤为突出。应当注意的是，植物是不断在生长的，因而其外形也不是一成不变的，设计过程中，应当要考虑到这一因素。

3）植物的色彩。植物的另一个重要的观赏特征就是植物的色彩。植物的色彩通过植物的各个部分呈现出来，如树叶、花朵、果实、枝条及树皮等。植物的色彩能够起到改善空间环境气氛的功效，设计过程中可以结合植物的色彩营造环境氛围。应当注意的是，多数植物的四季色彩表现是不一样的，在景观设计过程中要结合植物特性，协调植物环境的四季色彩表现。

（3）雨水花园植物配置策略。植物景观的营造表现主要通过植物的本身的美学特质如植物的大小、形态、质地及色彩等方面及植物的搭配组合及其配置方式等方面来表现。雨水花园的植物布局方式以其周围的景观风格特征及其本身的设计形态而定，主要为规则式与自然式两种配置方式，通常自然式的雨水花园在后期维护方面较为简单，是较为常见的雨水花园植物配置方法。一般来说，雨水花园中心区域为主要蓄水渗水区域，水涝状况较常见且种植土层厚度有限，因此较多种植的为花卉与草本植物，而灌木与乔木较多种植于花园边缘区域。雨水花园植物配置主要在于乔灌木植物的孤植、对植、丛植以及草本及地被植物的配置等。

1）孤植。孤植为单株树孤立种植于雨水花园中的种植方式，主要景观功能为作为主景及庇荫。雨水花园中较多区域为低矮的花卉及草本植物，孤植树木可以种植于花园边缘一角，展现植物个体美。雨水花园设计中，孤立种植的乔木可以作为一个标本而加以突出。标本植物是一个独立的因素，可是具有独特圆柱形、尖塔形或具有独特的粗壮质地和鲜艳花朵的植物，如同一件从各个角度都能观赏到的、生动的雕塑作品。

2）对植。对植是两株或两丛植物以非对称方式布置在雨水花园的两侧的种植方式，可以起到框景和夹景的功能。具有一定规模的雨水花园，可以以雨水花园中心区域为对称点在花园边缘处对称布置几株小乔木以体现植物景观的层次性及丰富性。

图 4-4　乔木与灌木的丛植组合

3）丛植。丛植为 3～9 株同种或异种树木不等距离地种植在一起形成树丛效果的种植方式。雨水花园中的丛植主要为花卉及草本植物、低矮灌木配合一两株乔木的组合方式种植，可依据“草木花巧配灌木，灌木配乔木，浅色搭配深色”的基本原则搭配种植（图 4-4），通过合理搭配形成优美的群体景观。设计丛植植物景观时要依据植物生长特性，合理选择丛植树木在雨水花园中的位置，根据种植区位的不同，丛植的植物可作为主景或背景及配景。

4）草本及地被植物的配置。雨水花园中覆盖较大面积的草本及地被植物是植物景观的构成基底。由于雨水花园规模及其特殊的水文条件的限制，乔木的群植在雨水花园中运用较少，植物数量上占据主体地位的为园内的花并与草本植物。从景观效果上来说，利用地被植物的造景，目的是获得统一的景观效果以作为植物景观基底，所以在一定的区域内，应有统一的基调，避免太多的品种。应依据雨水花园整体景观风格来选取相应植物的配置。整体环境较为素净的雨水花园，可选择绿色、枝叶细小的地被植物；而整体景观色彩较丰富的雨水花园，可选择花叶美丽、观赏价值高的地被植物。

10. 雨水元素景观营造

雨水花园的一大重要景观元素就是其所管理的雨水。在景观设计中水元素是最能激发游人兴趣的要素之一。人类有着本能地利用水和观赏水的需求。雨水花园设计最具特色的艺术性就表现在利用雨水打造的水体景观的表现方式上，优秀的设计能够将雨水管理利用和运用雨水本身所形成的融合场地体验的景观营造联系在一起。区别传统雨水处理设施运用管道收集雨水，雨水花园在汇集处理雨水过程中善于将雨水的收集过程可视化，利用雨水元素营造景观。雨水花园中雨水元素设计的重要环节在于雨水在汇集至花园的过程之中，运用精巧设计来控制营造水体。设计时要把握水的主要特性，结合地形、设施及景观营造手法的运用设计动静结合的雨水景观。

（1）水的主要特性。

1）水体形体的可塑性。除结冰后变为固体状态外，水是一种液体，其形态是由存储水的容器所决定的。因而存储水的容器的大小、色彩、质地以及位置是决定水体形态特征的决定性因素，对于水体形态的设计实际上是对于存水的容器的设计。

2）水的状态。由于水常态先是以液体的形式，因而它的外貌和形状还受到重力的影响。受重力的作用，水的状态可分为两类：静态水和动态水。雨水花园景观设计中，要善于结合雨水在不同时期的表现状态，营造动静结合的雨水景观。将雨水从场地周边汇集至雨水花园过程中，结合径流汇集过程中的巧妙设计展现雨水在整个设计中的独特动感之美是雨水花园的一种常用景观艺术表现方式。雨水流动过程中经过精心设计的地形及相关设施时形成滴、落、瀑、流等各具特色的动态效果。跌水落水是雨水花园设计中展现雨水动感之美的一种常见表现方式，雨水从屋顶、周边硬质地面、道路等沿径流路径汇集至设计在相对低洼处的雨水花园过程中，在经过沿线精致的竖向设计所形成的落差处跌落与碎石碰撞呈现出雨水景观的灵动之美。

3）水声。水体的流动及其与实体撞击时会发出声响，流动的水量和形式的不同，能够产生出多样的声音效果。因而，可以应用水声来丰富景观环境的观赏类型。结合景观情景的营造，水声能够为身临其境的人带来不同的情绪感受。水声还具有减弱周边空间噪声的作用，流水和瀑布发出的声响可减少噪声干扰，营造一个相对宁静愉悦的氛围。

4）水的倒影。平静的水面犹如一面镜子，能够形象真实地再现周边环境景物。景观设计中，可以利用水面的镜面效果，为游人提供一个新的观景透视点。

（2）静态水体的设计。雨水花园在收集管理雨水时，其处理雨水有着一定的过程和时间需求，因而一些雨水花园设计中会设计蓄水池来暂蓄雨水，减缓雨水花园短时处理压力。暂蓄起来的雨水常常以静态水的状态呈现，在景观设计中要利用水体的特征来进行相应的设计营造。平静的水面具有镜面特征，可以运用借景的手法将天空和周边景物映照到水面，为游人提供别样的透视点。同时，平静的水体能够给人带来一种平静温和、安逸的感受，让人身也得到放松。静态水体的设计，重点要注重蓄水容器形态的设计，形态可以是规则式和自然式，要结合雨水花园整体景观风格而定。

（3）流水景观营造。雨水花园中流水景观的设计常常是结合从周边屋顶及场地收集雨水径流的设施来营造的。雨水花园设计建造中，周边区域的地面雨水径流常依据地形坡度的设计而自然流入雨水花园，而来自周边建筑屋顶及离花园较远区域的径流则需要设计相应的引流渠来引导径流汇入雨水花园。这些引流渠除了在其自身构造形态和建造材料上进行相应景观营造外，与流水的结合营造可视化的雨水景观也是雨水花园景观设计中的一个重要方面。水渠的宽窄及深度、流水的水量、水渠坡度、水渠渠底性质等都是流水设计中需要考虑的方面。可视化的线性流水景观是雨水花园元素设计中较为常见的处理方式，将雨水收集过程可视化，不仅丰富了雨水花园景观表现的丰富度，还能够向人们传达出花园所具备的雨水管理功能特点。

（4）落水景观营造。落水景观的主要表现形式为瀑布，相较于流水，瀑布的观赏效果丰富多变，可设计营造为空间环境的视线焦点。瀑布的景观表现特性主要由水体的流量、流速、落差和瀑布口边的情况，同时瀑布下落时所接触的表面也是影响瀑布形象和声响的重要因素。当瀑布落下的水撞击在岩石等硬质表面时，会涨起水花并发出较大的声响。而下落水接触的是水面，则溅起的水花会小一点，声响也会小一些。

瀑布的构造形态也能够丰富落水景观的表现。跌落瀑布是一种在瀑布的下落起点和落水接触底面之间添加障碍物或平面的瀑布形式。这样的瀑布所能产生的水景效果要比一般的瀑布更为丰富，更能吸引游人的瞩目。跌落瀑布中间层设计上的多变结合流水量及流速的控制和变化，能够创造出独具特色的落水效果。

二、设计要点

1. 设计要求

雨水花园应符合《海绵城市建设技术指南——低影响开发雨水系统构建（试行）》、《建筑与小区雨水控制及利用工程技术规范》（GB 50400—2016）的要求。

（1）雨水花园还应该满足以下要求：

1）对于污染严重的汇水区应选用植草沟、植被缓冲带或沉淀池等对径流雨水进行预处理，去除大颗粒的污染物并减缓流速，应采取弃流、排盐等措施防止融雪剂或石油类等高浓度污染物侵害植物。

2）屋面径流雨水可通过雨落管接入雨水花园，道路径流雨水可通过路缘石豁口进入，路缘石豁口尺寸和数量应根据道路纵坡等经计算确定。

3）雨水花园应用于道路绿化带时，若道路纵坡大于1%，应设置挡水堰/台坎，以减缓流速并增加雨水渗透量；设施靠近路基部分应进行防渗处理，防止对道路路基稳定性造成影响。

4）雨水花园内应设置溢流设施，可采用溢流竖管、盖篦溢流井或雨水口等，满流设施顶一般应低于汇水面100mm。

5）雨水花园宜分散布置且规模不宜过大，雨水花园面积与汇水面面积之比一般为5%～10%。

6）复杂型雨水花园结构层外侧及底部应设置透水土工布，防止周围原土侵入。如经评估认为下渗会对周围建（构）筑物造成塌陷风险，或者拟将底部出水进行集蓄回用时，可在雨水花园底部和周边设置防渗膜。

7）雨水花园的蓄水层深度应根据植物耐淹性能和土壤渗透性能来确定，一般为200～300mm，并应设100mm的超高；换土层介质类型及深度应满足出水水质要求，还应符合植物种植及园林绿化养护管理技术要求；为防止换土层介质流失，换土层底部一般设置透水土工布隔离层，也可采用厚度不小于100mm的砂层（细砂和粗砂）代替；砾石层起到排水作用，厚度一般为250～300mm，可在其底部埋置管径为100～150mm的穿孔排水管，砾石应洗净且粒径不小于穿孔管的开孔孔径；为提高雨水花园的调蓄作用，在穿孔管底部可增设一定厚度的砾石调蓄层。

（2）雨水花园的设计应遵守以下原则：

1）因地制宜：充分考虑绿地的位置、类型、功能和性质。利用原有地形地貌进行建设。

2）经济美观：尽量减少土方量，降低建造成本；其次考虑景观效果，景观设施实用美观，与周边环境协调统一。

3）生态优先：在结构设计和材质选择上应尽量做到生态优先和模仿自然，并进行仿生设计。

2. 功能分类

（1）简易型雨水花园。简易型雨水花园是在下凹一定深度的绿地结构层内，增设砾石储水滞留层，优先保证雨水滞留，其次具备一定的雨水传输能力。

简易型雨水花园具有较强的通过下渗雨水补充地下水源的功能，对削减峰值流量和浑化雨水也有较好的效果。建造和维护费用较低。在低影响开发雨水系统目标控制中，对径流总量有着较强的控制效果，对径流峰值和径流污染也有一定的控制效果，如图 4 - 5 所示。

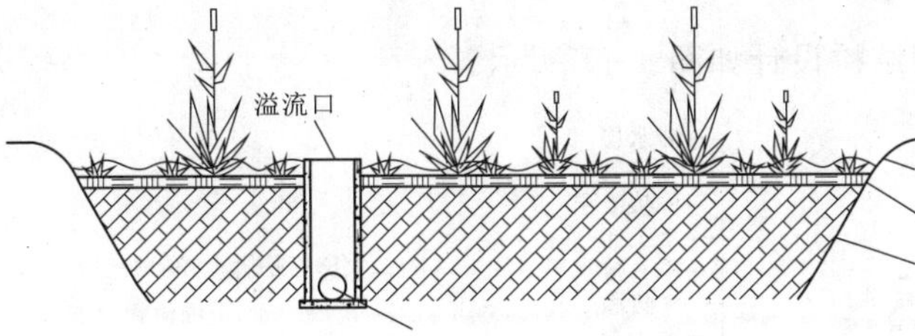

图 4 - 5　简易型雨水花园典型结构示意图

（2）复杂型雨水花园。复杂型雨水花园是在具备简易雨水花园结构的基础上，结构内部设计穿孔集水管，可将滞留的雨水收集并加以利用。

复杂型雨水花园具有较强的通过下渗雨水补充地下水源和净化雨水的功能，对削减峰值流量也有较好的效果。建造和维护费用稍高。在低影响开发雨水系统目标控制中，对径流总量和径流污染有着较强的控制效果，对径流峰值也有一定的控制效果，如图 4 - 6 所示。

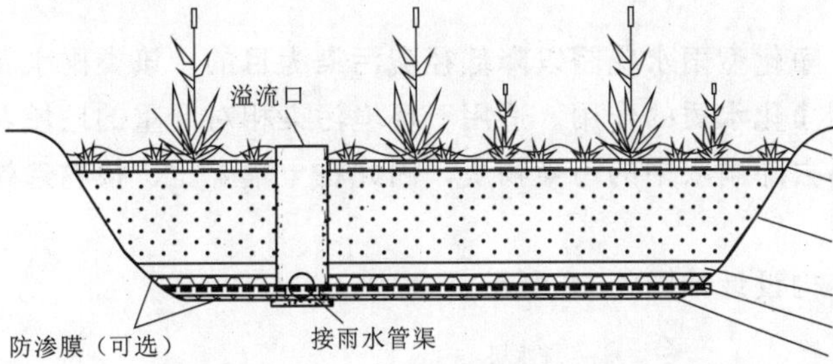

图 4 - 6　复杂型雨水花园典型结构示意图

3. 结构设计

雨水花园积水时间要尽可能短，因为长时间的积水会增加土壤表面阻塞和淤积。

当用于雨水回灌地下水渗透系数一般不小于 10^{-6} m/s，当用于雨水处理后回用时，渗透系数不小于 10^{-6} m/s。

设施靠近路基部分应进行防渗处理，防止对道路路基稳定性造成影响。

对污染和盐碱严重的汇水区域，应设计弃流设施，对污染较轻的区域应选用植草沟、砾石沟或沉淀池等对径流雨水进行预处理，去除大颗粒污染物并减缓流速。

当雨水花园设计成封闭式时，应设置溢流设施。

当与建筑相结合设计时，可将屋面的雨水通过建筑雨落管引入周边雨水花园；当与道路相结合设计时，可将道路设计成平道牙，将道路上的雨水直接排入雨水花园。

复杂雨水花园结构层外侧及底部应设置无纺土工织物，防止周围原土侵入。如果对周围建筑物造成塌陷影响，或者设计滞留净化后雨水回收利用，可在雨水花园底部或者周边设置防渗设施。

4. 典型雨水花园结构设计图

（1）滞留型雨水花园。滞留型雨水花园以控制雨洪为目的，该类雨水花园主要起到滞留与渗透雨水的目的，结构相对简单。一般用在环境较好和雨水污染较轻的地域，如居作区等。

典型滞留型雨水花园结构设计如图 4－7 所示。

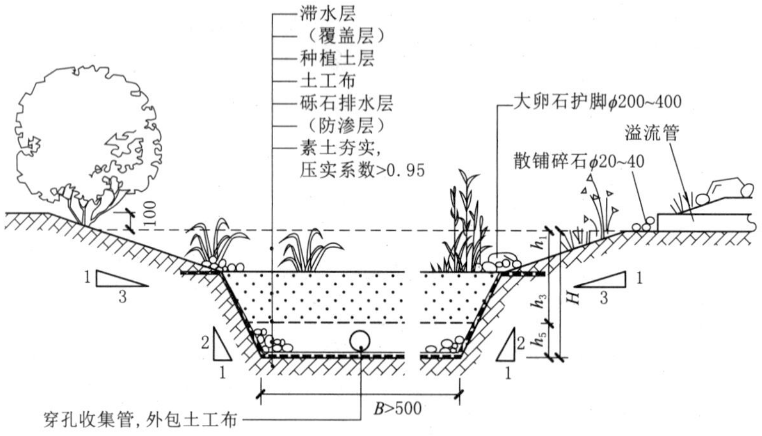

图 4－7　滞留型雨水花园结构设计图

（2）净化型雨水花园。净化型雨水花园以降低径流污染为目的，该类雨水花园不仅滞留与渗透雨水，同时也起到净化水质的作用。适用于环境污染相对严重的地域，比如城市中心和停车场等地。由于要去除雨水中的污染物质，因此在土壤配比、植物选择以及底层结构上需要更严密的设计。

典型净化型雨水花园结构设计如图 4－8 所示。

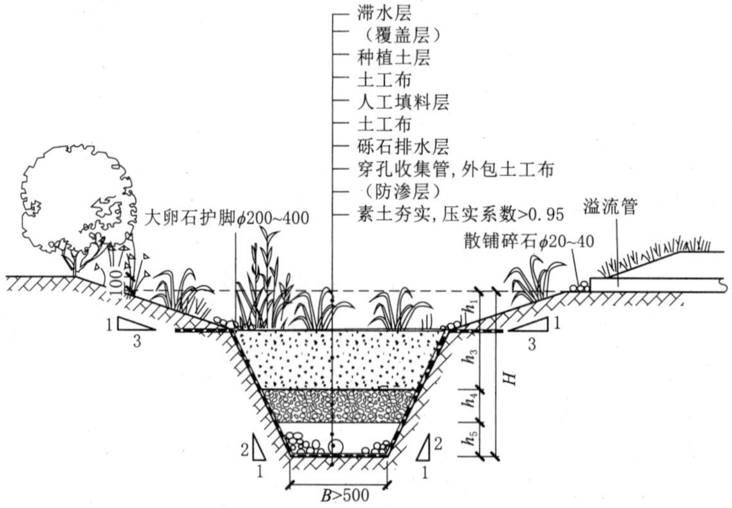

图 4－8　净化型雨水花园结构设计图

(3) 雨水花园设计参数。雨水花园各层结构设计参数可参考表 4-2 确定。

表 4-2 雨水花园设计参数表

各层结构	设计参数	备注
滞水层 h_1	200～300mm	—
覆盖层 h_2	50～100mm	可使用树皮及碎石
种植土层 h_3	草本 100～300mm	—
	灌木 300～600mm	—
	600～1000mm	视植物类别选定
填料层 h_4	200～1200mm	可选用炉渣、细砂、碎石等
排水层 h_5	200～300mm	碎石或砾石组成，粒径不小于穿孔收集管的开孔孔径

三、设计任务

1. 任务引入

雨水花园是一种与自然景观相结合的滞留措施，用于汇聚并净化来自屋顶或地面的雨水，具有有效去除径流中的污染物和削减城市雨洪径流等优点。其设计关键是确定雨水设施规模，需考虑当地环境、降雨特点等因素。本任务以某住宅小区雨水花园设计项目为例，对雨水设施规模、雨水收集与利用系统及雨水花园等调蓄设施进行计算及设计，解决小区雨水控制与利用问题。

2. 设计依据

雨水花园设计主要依据《建筑给水排水设计规范》(GB 50015—2019)、《建筑与小区雨水控制及利用工程技术规范》(GB 50400—2016)、《民用建筑节水设计标准》(GB 50555—2010)、《绿色建筑评价标准》(GB/T 50378—2019) 和《雨水综合利用》10SS705。

3. 设计目标

(1) 合理规划地表与屋面雨水径流，对场地雨水实施外排总量控制，场地年径流总量控制率达到 70%。

(2) 雨水收集后主要用于绿化浇洒、景观水体补水等。

4. 设计要点

(1) 雨量径流系数的确定。雨量径流系数反映降雨和径流之间关系，径流系数通常采用按地面覆盖种类确定的经验数值，整体汇水面积上的径流系数是按不同种类地面面积加权计算得出的。

(2) 设计控制雨量。设计时根据《绿色建筑评价标准》(GB/T 50378—2019) 中 4.2.14 条的年径流总量控制率相对应的设计控制雨量。

(3) 雨水设施规模。综合项目条件，通过设计控制雨量乘以场地综合径流系数、总汇水面积来确定项目雨水设施的规模。

(4) 雨水花园面积。雨水花园面积可由控制蓄水量的目标与蓄水层深度等估算确定。

5. 某住宅小区基本概况

该小区所在城市地处亚热带湿润季风气候区，一年中夏、冬季长，春、秋季短，年平均气温 17～17.7℃，年降雨量 1600～1700mm（依据该市年降雨量统计表，得年降雨量 h 为 1609mm），降雨日为 147～157d，年平均暴雨日 5.6d，年日照时间 1723～1820h，日照率为 40%，适合植物花卉生长，是营造“花园城市”的理想地区。

该住宅小区位于市内，总用地面积 44742.5m^2（4.47hm^2），地面相对平缓，在西北角和东北角的地势稍偏低，内有一景观水体。小区建造以雨水花园为主要处理单元的蓄渗系统，包括利用小区屋面雨水收集，处理后的雨水用于绿化灌溉和景观水体补水，实现雨水花园节水实效。住宅小区总平面图如图 4-9 所示。住宅小区不同类型下垫面面积见表 4-3，住宅小区所在地年平均降雨气候资料见表 4-4。

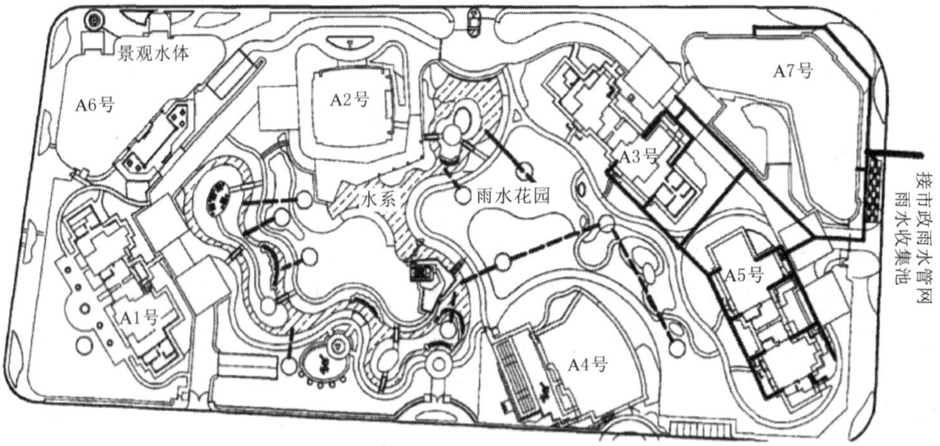

图 4-9　住宅小区总平面图

表 4-3　住宅小区不同类型下垫面面积统计表

序　号	类　型	面　积/m^2
1	建筑总占地面积	8775.0
2	道路、广场面积	15875.0
3	绿地面积	18476.5
4	水系面积	1616.0
	总计	44742.5

表 4-4　住宅小区所在地年平均降雨气候资料

月份	1	2	3	4	5	6	7	8	9	10	11	12	总计
降雨量/mm	67.4	95.5	171.8	224.7	265.3	291.5	136.8	117.1	73.9	59.5	60.7	45.4	1609.9
降雨天数/d	7.9	9.4	13.9	14.1	13.9	11.7	7	6.6	5.5	5.9	6	5.4	107.3

6. 设计步骤

(1) 径流系数。

1) 计算综合径流系数。查阅有关规范、国内实测资料，本设计案例中不同下垫面径流系数取值见表 4-5。根据小区不同下垫面面积计算场地综合径流系数 φ。

表 4-5 不同下垫面径流系数

序号	下垫面种类	径流系数	序号	下垫面种类	径流系数
1	屋面	0.9	3	水系	1
2	绿地	0.15	4	混凝土和沥青路面	0.8

2）计算雨水设计规模（日值）。雨水设施规模（日值）的计算根据《绿色建筑评价标准》（GB/T 50378—2019）中的 4.2.14 条计算。其中，对应的设计控制雨量（日值）为 21.8mm。

（2）雨水收集利用与调蓄设计。

1）雨水收集系统。可在小区内设置地埋式雨水收集池或其他雨水收集形式，收集建筑屋顶雨水，用于绿化灌溉和景观水体补水。其中，计算雨水收集量（日值）时，需考虑雨水初期弃流厚度为 2mm。

2）绿化用水量（日值）。该小区的绿地草属于暖季型草坪草，按二级养护，根据《民用建筑节水设计标准》（GB 50555—2010）中的 3.1.6 条，灌水定额取 $0.015\text{m}^3/(\text{m}^2\cdot$月），每月需绿化灌溉 2 次，计算绿化用水量。

3）景观水体补水水量（日值）。小区内位于 A6 号附近有一景观水体，水景面积 147m^2，多年平均年蒸发量为 1271.6mm。依据《绿色建筑评价标准》（GB/T 50378—2019）中的 6.2.12 条，景观水的补水量大于其水体蒸发量的 60%，取 70%，最高日蒸发量取年均蒸发量的 10%。

4）校核。校核雨水收集量是否满足绿化用水量和景观补水量。

5）水系调蓄水量（日值）。小区内有一条水系，水系面积 1616m^2，水系常水位为 300mm，溢流水位为 520mm。

6）雨水花园滞蓄水量（日值）。雨水设施规模包括雨水收集系统和雨水调蓄系统，即控制雨量除雨水收集系统水量、水系调蓄水量外，其余可由雨水花园滞蓄系统处理。

7）雨水花园设计。雨水花园可采用分散布局方式，在住宅小区内依地势建设，其高程应低于周围地面一定高度，以利于雨水径流的汇入。

8）核算。雨水收集利用及调蓄系统对雨水总量的控制是否达到 70%的标准，达到场地生态建设需求。

四、工作实施

1. 径流系数计算

（1）根据计算，综合径流系数为____________。

（2）根据《绿色建筑评价标准》（GB/T 50378—2019）中的 4.2.14 条计算，本小区雨水设计规模（日值）为____________。

2. 雨水收集利用与调蓄设计

（1）本设计中，小区雨水收集系统采用的雨水收集形式为____________。

（2）根据《民用建筑节水设计标准》（GB 50555—2010）中的 3.1.6 条，确定绿化用水量（日值）为______________。

（3）依据基础资料和《绿色建筑评价标准》（GB/T 50378—2019）中的 6.2.12 条，确定景观水体补水水量（日值）为______________。

（4）校核雨水收集量是否满足绿化用水量和景观补水量______________。

（5）水系调蓄水量（日值）为______________。

（6）雨水花园滞蓄水量（日值）为______________。

（7）雨水花园面积确定为______________。

（8）核算雨水收集利用及调蓄系统对雨水总量的控制是否达到 70%的标准，达到场地生态建设需求______________。

五、成果提交

1. 雨水花园设计计算书。

请将以上参数计算过程书写至空白处。

2. 雨水花园平面设计草图。

请绘制雨水花园平面设计草图并标记出雨水径流路径。

3. 雨水花园剖面设计草图。

请参考《海绵城市建设技术指南——低影响开发雨水系统构建（试行）》与《海绵城市景观设计图集》中典型雨水花园结构图，绘制出本工程雨水花园剖面设计草图。

任务五 人工湿地设计

一、知识清单

1. 专业术语（源自《人工湿地水质净化技术指南》）

（1）人工湿地：指模拟自然湿地的结构和功能，人为地将低污染水投配到由填料（含土壤）与水生植物、动物和微生物构成的独特生态系统中，通过物理、化学和生物等协同作用使水质得以改善的工程。或利用河滩地、洼地和绿化用地等，通过优化集水、布水等强化措施改造的近自然系统，实现水质净化功能提升和生态提质。

人工湿地按照填料和水的位置关系，分为表面流人工湿地和潜流人工湿地，潜流人工湿地按照水流方向，分为水平潜流人工湿地和垂直潜流人工湿地。

（2）表面流人工湿地：指水面在土壤表面以上，水从进水端流向出水端的人工湿地。

（3）潜流人工湿地：指水面在填料表面以下，水从进水端水平或垂直流向出水端的人工湿地。

（4）水平潜流人工湿地：指水面在填料表面以下，水从进水端水平流向出水端的人工湿地。

（5）垂直潜流人工湿地：指水垂直流过填料层的人工湿地。按水流方向不同，又可分为下行垂直流人工湿地和上行垂直流人工湿地。

（6）高密植单元：指将植物种植在垂直放置的穿孔管内，穿孔管形成生物支架替代传统湿地系统中的填料，以提高植物种植密度的处理单元。相比《人工湿地污水处理工程技术规范》（HJ 2005—2010）中规定的挺水植物的种植密度（9～25 株/m^2），高密植单元中植物种植密度为其 3 倍以上。

（7）填料：指为人工湿地植物与微生物提供生长环境并对污染物起过滤、阻截和吸附等作用的填充材料，包括砂砾、沸石、石灰石、页岩、陶粒、火山岩及对生态环境安全的合成材料等。

（8）微污染河水：指受到污染，主要水质指标差于《地表水环境质量标准》（GB 3838—2002）中Ⅳ类水质标准，但不差于水污染物排放标准的河水。

（9）低污染水：指达标排放的污水处理厂出水、微污染河水、农田退水等类似性质的水。

（10）预处理：指为满足工艺总体要求和人工湿地进水水质要求，在人工湿地前设置的生态滞留塘、生态砾石床、沉砂池、沉淀池及过滤池等处理工艺。

（11）后处理：指根据受纳水体功能或用户需求，在人工湿地系统出水后设置的消毒、增氧、膜处理等工艺。

（12）水力停留时间：指湿地进水从进入人工湿地到流出人工湿地的时间差的平均值。

（13）污染物削减负荷：指单位面积人工湿地在单位时间内去除的污染物质量，污染物指标包括化学需氧量（重铬酸钾法）、高锰酸盐指数、五日生化需氧量、悬浮物、氨氮、总氮和总磷等。

（14）表面水力负荷：指单位面积人工湿地在单位时间内所能接纳的待处理水量。

（15）水力坡度：指水在人工湿地内沿水流方向单位渗流路程长度上的水位下降值。

（16）孔隙率：指人工湿地填料间的孔隙总体积占人工湿地总体积的百分比。

（17）渗透系数：指人工湿地填料中，单位水力梯度下的单位流量。

（18）再生水：指受到一定程度污染的水经适当处理后，达到一定的水质指标，满足某种使用要求，可进行有益使用的水。

（19）填料有效粒径比例：指填料经筛分后，处于要求粒径范围内的填料重量与总重量之比。

（20）湿地主体构筑物：指潜流人工湿地、表面流人工湿地的主体构筑物。潜流人工湿地主体构筑物一般为钢筋混凝土或砌体结构，表面流人工湿地主体构筑物一般为以土坝为围护的塘体结构。

（21）围堰：指在施工期间围护基坑，挡住河（江、海、湖）水，避免湿地主体构筑物直接在水体中施工的导流挡水设施。

（22）施工降排水：指在进行土方开挖或构筑物施工时，为保持基坑或沟槽内在无水影响的环境条件下施工而进行的降排水作业。常用方式有明排水和井点降排水。

（23）生态滞留塘：指以塘为主要构筑物，主要依靠水域自然生态系统净化进水的处理设施。当进水较浑浊时，内部可设置生态砾石床，降低进水悬浮物浓度，防止潜流人工湿地堵塞。

2. 湿地的定义

地球上有三大生态系统，即森林、海洋、湿地，其中湿地被称为“地球之肾”，森林被称为“地球之肺”，海洋被称为“地球之心”。

“湿地”，泛指暂时或长期覆盖水深不超过2m的低地、土壤充水较多的草甸以及低潮时水深不过6m的沿海地区，包括各种咸水淡水沼泽地、湿草甸、湖泊、河流以及洪泛平原、河口三角洲、泥炭地、湖海滩涂、河边洼地或漫滩、湿草原等。按《国际湿地公约》定义，湿地系指不论其为天然或人工、长久或暂时之沼泽地、湿原、泥炭地或水域地带，带有静止或流动、为淡水或半咸水或咸水水体者，包括低潮时水深不超过6m的水域，潮湿或浅积水地带发育成水生生物群和水成土壤的地理综合体，是陆地、流水、静水、河口和海洋系统中各种沼生、湿生区域的总称。

湿地广泛分布于世界各地，拥有众多野生动植物资源，是重要的生态系统，很多珍稀水禽的繁殖和迁徙离不开湿地，因此湿地也被称为“鸟类的乐园”。但在人口爆炸和经济发展的双重压力下，20世纪中后期大量湿地被改造成农田，加上过度的资源开发和污染，湿地面积大幅度缩小，湿地物种受到严重破坏。

狭义湿地是指地表过湿或经常积水，生长湿地生物的地区。湿地生态系统是湿地植物、栖息于湿地的动物、微生物及其环境组成的统一整体。湿地的研究活动往往采用狭义定义，美国鱼类和野生生物保护机构于1979年在“美国的湿地深水栖息地的分类”一文中，重新给湿地作定义为，陆地和水域的交汇处，水位接近或处于地表面，或有浅层积水，至少有一至几个以下特征：

①至少周期性地以水生植物为植物优势种；②底层土主要是湿土；③在每年的生长季节，底层有时被水淹没。

定义还指湖泊与湿地以低水位时水深2m处为界，按照这个湿地定义，世界湿地可以分成20多个类型，这个定义被许多国家的湿地研究者接受。湿地的水文条件是湿地属性的决定性因素。水的来源（如降水、地下水、潮汐、河流、湖泊等），水深、水流方式以及淹水的持续期和频率决定了湿地的多样性。水对湿地土壤的发育有深刻的影响。湿地土壤通常被称为湿土或水成土。

中国湿地面积占世界湿地的10%，6600万hm^2，位居亚洲第一位、世界第四位。在中国境内，从温带到热带、从沿海到内陆、从平原到高原山区都有湿地分布，一个地区内常常有多种湿地类型，一种湿地类型又常常分布于多个地区。中国1992年加入《湿地公约》，国家林业和草原局专门成立了“湿地公约履约办公室”，负责推动湿地保护和执行工作。截至2009年11月，列入国际重要湿地名录的湿地已达37处。2021年3月11日，全国绿化委员会办公室发布的《2020年中国国土绿化状况公报》显示，2020年全国湿地保护率达50%以上。中国政府将一如既往地履行公约责任，与《湿地公约》秘书处、其他各缔约国及有关国际组织深化合作，与国际社会协调一致行动，相互学习借鉴，为推动全球湿地保护与合理利用、促进世界可持续发展作出应有贡献。各级各方面要把湿地保护摆在更加突出的位置，与经济社会发展各项任务统筹考虑，落实好湿地保护责任。要积极推进法治建设，建立湿地保护长效机制，强化宣传教育，提高全民湿地保护意识。要切实加大投入，实施好湿地保护恢复重大工程，不断扩大湿地面积，增强湿地生态系统稳定性，进一步改善生态和民生。

3. 湿地的功能

湿地是位于陆生生态系统和水生生态系统之间的过渡性地带，在土壤浸泡在水中的特定环境下，生长着很多湿地的特征植物，是地球上具有多种独特功能的生态系统，它不仅为人类提供大量食物、原料和水资源，而且在维持生态平衡、保持生物多样性和珍稀物种资源以及涵养水源、蓄洪防旱、降解污染、调节气候、补充地下水、控制土壤侵蚀等方面均起到重要作用。它可作为直接利用的水源或补充地下水，又能有效控制洪水和防止土壤沙化，还能滞留沉积物、有毒物、营养物质，从而改善环境污染；它能以有机质的形式储存碳元素，减少温室效应，保护海岸不受风浪侵蚀，提供清洁方便的运输方式……它因有如此众多而有益的功能而被人们称为“地球之肾”。湿地还是众多植物、动物特别是水禽生长的乐园，同时又可以向人类提供食物（水产品、禽畜产品、谷物）、能源（水能、泥炭、薪柴）、原材料（芦苇、木材、药用植物）和旅游场所，是人类赖以生存和持续发展的重要基础。

（1）物质生产。湿地具有强大的物质生产功能，它蕴藏着丰富的动植物资源。七里海沼泽湿地是天津沿海地区的重要饵料基地和初级生产力来源。据初步调查，七里海在20

世纪70年代以前，水生、湿生植物群落100多种，其中具有生态价值的约40种。哺乳动物约10种，鱼蟹类30余种。芦苇作为七里海湿地最典型的植物，苇地面积达7186hm^2，具有很高的经济价值和生态价值，不仅是重要的造纸工业原料，又是农业、盐业、渔业、养殖业、编织业的重要生产资料，还能起到防风抗洪、改善环境、改良土壤、净化水质、防治污染、调节生态平衡的作用。另外，七里海可利用水面达10000亩，年产河蟹2000t，是著名的七里海河蟹的产地。

（2）大气组分。湿地内丰富的植物群落，能够吸收大量的CO_2气体，并放出O_2，湿地中的一些植物还具有吸收空气中有害气体的功能，能有效调节大气组分。但同时也必须注意到，湿地生境也会排放出甲烷、氨气等温室气体。沼泽有很大的生物生产效能，植物在有机质形成过程中，不断吸收CO_2和其他气体，特别是一些有害的气体。沼泽地上的氧气则很少消耗于死亡植物残体的分解。沼泽还能吸收空气中粉尘及携带的各种菌，从而起到净化空气的作用。另外，沼泽堆积物具有很强的吸附能力，污水或含重金属的工业废水，通过沼泽能吸附金属离子和有害成分。

（3）水分调节。湿地在蓄水、调节河川径流、补给地下水和维持区域水平衡中发挥着重要作用，是蓄水防洪的天然“海绵”，在时空上可分配不均的降水，通过湿地的吞吐调节，避免水旱灾害。七里海湿地是天津滨海平原重要的蓄滞洪区，安全蓄洪深度3.5～4m。沼泽湿地具有湿润气候、净化环境的功能，是生态系统的重要组成部分。其大部分发育在负地貌类型中，长期积水，生长了茂密的植物，其下根茎交织，残体堆积。潜育沼泽一般也有几十厘米的草根层。草根层疏松多孔，具有很强的持水能力，它能保持大于本身绝对干重3～15倍的水量。不仅能储蓄大量水分，还能通过植物蒸腾和水分蒸发，把水分源源不断地送回大气中，从而增加了空气湿度，调节降水，在水的自然循环中起着良好的作用。据实验研究，1hm^{2}的沼泽在生长季节可蒸发掉7415t水分，可见其调节气候的巨大功能。

（4）净化。沼泽湿地像天然的过滤器，它有助于减缓水流的速度，当含有毒物和杂质（农药、生活污水和工业排放物）的流水经过湿地时，流速减慢有利于毒物和杂质的沉淀和排除。一些湿地植物能有效地吸收水中的有毒物质，净化水质。沼泽湿地能够分解、净化环境物，起到“排毒”“解毒”的功能，因此被人们喻为“地球之肾”。如氮、磷、钾及其他一些有机物质，通过复杂的物理、化学变化被生物体储存起来，或者通过生物的转移（如收割植物、捕鱼等）等途径，永久地脱离湿地，参与更大范围的循环。沼泽湿地中有相当一部分的水生植物包括挺水性、浮水性和沉水性的植物，具有很强的清除毒物的能力，是毒物的克星。据测定，在湿地植物组织内富集的重金属浓度比周围水中的浓度高出10万倍以上。正因为如此，人们常常利用湿地植物的这一生态功能来净化污染物中的病毒，有效清除了污水中的“毒素”，达到净化水质的目的。例如，水葫芦、香蒲和芦苇等被广泛地用来处理污水，用来吸收污水中浓度很高的重金属镉、铜、锌等。在美国的佛罗里达州，有人作了如下试验，将废水排入河流之前，先让它流经一片柏树沼泽地（湿地中的一种），经过测定发现，大约有98%的氮和97%的磷被净化排除了，湿地惊人的清除污染物的能力由此可见一斑。印度卡尔库塔市没有一座污水处理厂，该城所有的生活污水都被排入东郊的一个经过改造的湿地复合体中。这些污水被用来养鱼，鱼产量每年每公顷可达 2.4t；也可用来灌溉稻田，每公顷年产水稻 2t 左右。另外，还在倾倒固体垃圾的地方种植蔬菜，并用这些污水来浇灌。大量的营养物以食物的形式从污水中排除出去。卡尔库塔城东的湿地成为一个如此低费用处理生活污水并能同时获得食物的世界性典范。

（5）动物栖息地。湿地复杂多样的植物群落，为野生动物尤其是一些珍稀或濒危野生动物提供了良好的栖息地，是鸟类、两栖类动物的繁殖、栖息、迁徙、越冬的场所。沼泽湿地特殊的自然环境虽有利于一些植物的生长，却不是哺乳动物种群的理想家园，只是鸟类能在这里获得特殊的享受。因为水草丛生的沼泽环境，为各种鸟类提供了丰富的食物来源和营巢、避敌的良好条件。在湿地内常年栖息和出没的鸟类有天鹅、白鹳、鹈鹕、大雁、白鹭、苍鹰、浮鸥、银鸥、燕鸥、苇莺、椋鸟等约 200 种。

（6）局部小气候。以天津市东北部的宁河县为例：湿地水分通过蒸发成为水蒸气，然后又以降水的形式降到周围地区，保持当地的湿度和降雨量，使宁河县成为天津市气候较为湿润的地区之一。

4. 人工湿地的适用范围

2020 年 9 月 22 日，在第 75 届联合国大会一般性辩论上，中国向世界宣告：中国的二氧化碳排放，力争于 2030 年前达到峰值，努力争取 2060 年前实现碳中和。而湿地就是重要的“地球之肾”“减碳之径”。

人工湿地主要是通过模拟天然湿地的结构和功能，设计与沼泽地类似的地表水体。它利用自然生态系统中的物理、化学和生物的多重作用，通过过滤、吸附、共沉、离子交换、植物吸收和微生物分解等作用来实现对雨水、河水和污水等的高效净化作用。人工湿地具有较强的削减峰值流量、净化雨水和积蓄利用雨水的功能。在低影响开发雨水系统目标控制中，对径流总量、径流峰值和径流污染有着较强的控制效果，全国各地掀起了人工湿地建设浪潮（图 5－1）。

（1）表流人工湿地。表流人工湿地的水面位于湿地填料表面以上，水流呈推流式前进，雨水从池体入口以一定速度缓慢流过湿地表面，部分雨水或蒸发或渗入地下，出水由出水口（或溢流口）流出。填料上层种有水生植物，大部分有机污染物的去除是依靠植物生长在水下部分的茎、秆上的生物膜来完成的，与自然湿地最为接近。

（2）潜流人工湿地。潜流人工湿地又称渗滤人工湿地，是指水面在填料表面以下，主要分为水平潜流湿地、单向垂直潜流人工湿地和复合垂直潜流人工湿地。

（3）水平潜流人工湿地。水平潜流人工湿地的水流从进口起在根系层中沿水平方向缓慢流向出水口的湿地。与表流人工湿地相比，由于该系统中好氧生化反应所需氧气主要来自大气臭氧，数量不足，因而导致脱氮效率不高，但对 BOD_5/COD_{Cr} 和重金属的去除效果较好，受季节影响较小，且很少有恶臭和滋生蚊蝇的现象。

（4）单向垂直潜流人工湿地。单向垂直潜流人工湿地是指雨水垂直通过池体中滤料层的人工湿地。流向通常为下行流，出水系统一般设在湿地底部。与水平潜流湿地相比，其作用在于提高了氧向雨水及基质中的转移效率，一般采用间歇进水运行方式，因此池体处于不饱和状态，氧气可以通过大气扩散和植物传输进入人工湿地系统。该系统硝化能力高于水平潜流人工湿地，可用于处理氮、磷和氨较高的雨水和污水。

图 5-1 人工湿地建设成果

(5) 复合垂直潜流人工湿地。复合垂直潜流人工湿地是由两个底部相连接的池体组成，雨水从一个池体垂直向下流入另一个池体中后垂直向上流出，每个池体可选择不同植物多级串联使用，通过增加雨水的停留时间和延长雨水的流动路线来提高人工湿地对污染物的去除能力。此类人工湿地通常采用连续运行方式，具有较高的梯田负荷。

(6) 人工湿地系统。梯田湿地系统是人工湿地系统的其中一种形式，此类人工湿地并不是人工湿地的某一种特定类型，而是指根据雨水处理的需要通过组合几个不同或几个相同的人工湿地池体形成梯田形式的雨水处理系统，模仿梯田形态和重力自流的工作原理来完成人工湿地的工作流程，增强雨水的净化效果。

经过雨水湿地处理后的出水水质可以达到地面水质标准，因此它属于深度处理的方法。无论雨水、河水或者污水（达到雨水湿地进水标准）经过处理后可以直接排入景观用水的湖泊或河流中。因此特别适合景观用水区附近的生活污水或直接对受污染水体的水进行处理，或为这些水体提供清洁的水源补充。可用于城市绿地、滨水景观带等地下水位高、有基流或有足够的其他水源（如小区的中水）补充的地区，在城市道路附近可以修建小型雨水湿地（有足够的汇水流量）。

5. 人工湿地的维护管理

(1) 病虫害管理。人工湿地主要的功能是净化雨水、河水、污水、达到水质无害化、资源化的目的，所以在防治病虫害的过程中切记不可引入新的污染源（如农药等新的化学药剂）。

治理方法如下：

1) 利用害虫生长调节剂（如优得乐等）抑制害虫的发育。

2) 利用害虫性外激素防治害虫。

3) 利用植物性农药（植物油提取物）防治害虫等。

(2) 湿地恶臭管理。恶臭一般发生在人工湿地系统的前部，当夏季温度较高时，会影响周围环境。

治理方法如下：

1) 利用薄膜覆盖。

2) 降低污染负荷。

3) 强化预处理措施等。

(3) 湿地杂草管理。少量天然杂草不会对人工湿地系统有影响，可不必去除。但当杂草与湿地植物竞争，对湿地植物产生威胁时，就要采取一定的除草措施，可采用以下方法：

1) 春季植物发芽阶段可对湿地进行淹水，水深没过现有杂草的高度，防止一些旱生杂草的生长，当植物生长状态较好，足以在与杂草生长竞争中占优势时，恢复正常水位，这个过程大概历时半个月。

2) 采用人工或者机械等方法进行杂草清除。

(4) 冬季管理。我国北方地区人工湿地植物的生长周期约在4—11月，在进入冬季冰冻期前需要做好进出水和湿地的保温措施。设备管道等在设计时应布置在向阳的位置，能够设置在室内的尽量设置在室内。

冬季，将湿地池内水温尽量控制在5℃以上，原因是微生物一般在5℃以下就处于休眠状态。为了将损失到大气的热量减至最小，可采用以下方法：

1) 增加滤层厚度或者提高湿地池体超高。

2) 人工湿地植物在秋季收割后覆盖在湿地上可作为保温材料等。

二、设计要点

1. 人工湿地建设的基本原则

（1）准确定位：人工湿地水质净化工程只承担达标排放的污水处理厂出水等低污染水的水质改善任务，不应作为直接处理生产生活污水的治污设施。

（2）生态优先：人工湿地水质净化工程应当优先利用自然或近自然的生态方式，通过湿地生态系统中物理、化学、生物等协同作用提升水的生态品质，不宜采用投加药剂等强化措施净化水质。应当坚持选择本土物种，避免外来物种入侵。

（3）因地制宜：根据当地气温、降雨、地形地貌、土地资源等实际情况选择人工湿地水质净化工程的场址、布局、工艺、参数、植被等。鼓励利用坑塘、洼地、荒地等便于利用的土地和城镇绿化带、边角地等开展人工湿地建设。

（4）绩效明确：作为污染治理设施，人工湿地水质净化工程应当加强进出水监管，明确污染物削减要求。坚持建管并重，健全运行维护机制，保障运行维护经费，实现长效运行。

2. 人工湿地的结构设计

人工湿地设计主要包括预处理系统设计、湿地面积设计、湿地配（集）水系统设计、湿地填料设计、湿地防渗设计、湿地通气设计、湿地植物设计和后处理系统设计（设计流程见表5-1）。人工湿地是一项专业的学科，特别是潜流人工湿地，在景观设计中，建议与水环境专业互相配合，取长补短，共同设计好人工湿地。

表5-1　　人工湿地工艺流程

类　别	净　化　步　骤
雨水	雨水→预处理（沉泥）→湿地→后处理→排放或回用
污水处理厂出水	处理后污水→湿地→后处理→排放或回用

（1）预处理系统设计。人工湿地长期稳定运行的重要条件之一就是预处理系统的高效率和高稳定性，可选择的工艺有格栅网片、沉淀池、生态塘等。当选用生态塘作为预处理系统时，容积至少应容纳总流量的10%，深度应大于1m，以减小流速。预处理主要作用如下：

1）调节进水流量的波动和连续均匀地流入，防止对湿地处理系统造成冲击负荷。

2）调节进水水质，使水质更加适应湿地净化能力，防止由于水中的固体颗粒、悬浮物、漂浮物和油类物质等含量过高造成填料堵塞、湿地维护费用高、出水水质差等问题。

3）消除污泥，使水质保持清洁。

（2）潜流湿地面积设计。

1）当面积不受限制时，雨水或生活污水经过预处理后，可以直接采用水平潜流人工湿地进行处理。

2）当面积受限制时，雨水或生活污水经过一级处理后，需在经过强化预处理（曝氧或投药处理），才可采用水平潜流人工湿地进行处理。

3）当采用水平潜流人工湿地对污水处理厂的二级出水或具有类似性质的污水进行深入处理时，不需要对污水进行预处理，污水可以直接进入人工湿地。

（3）湿地配、集水系统设计。人工湿地的配、集水系统应保证配水、集水的均匀性，这样能减少断流现象和堵塞现象，从而充分发挥湿地床的净化功能。配、集水设施应采用穿孔配、集水管，配、集水堰等方式，根据设计需要在出水处设置放空管，以便池体维修。配水系统可以设在表面也可以设在内部，配水管线设在内部有助于防止藻类滋生和堵塞现象，但不宜调节和维护，适用于气候寒冷地区；配水管线设在表面便于调节和维护，适用于冬季气候较温暖地区。为保证配水更均匀，可配置增压泵。

（4）湿地填料设计。填料既可以为水生植物提供支撑载体，也可以为微生物（生物膜）的生长提供稳定的附着表面，雨水或污水中的污染物因填料中的滤料层的阻挡以致流速减慢而沉降，污染物被砾石表面生长的生物膜所吸附，通过物理、化学途径（如过滤、吸收和离子交换等）净化污水中的氮、磷等物质。在表流人工湿地中，一般是土壤构成基质层。常用的人工湿地填料有：沸石、高炉渣、页岩、矿渣、粉煤灰（FA）、钢渣、蛭石、石灰石、活性多孔介质（IECA）等。

1）水平潜流人工湿地分为进水区、过滤区和出水区，过滤区的填料层称为滤料层。在进水区中，进水管或溢流堰周围铺设粒径 50～100mm 的块石，可以降低填料的堵塞几率，从而增加湿地的运行周期，在出水区铺设同样规格的块石，可以使湿地均匀地排水。

2）垂直潜流人工湿地（包括单向垂直潜流人工湿地和复合垂直潜流人工湿地）一般分为覆盖层、滤料层、过渡层、排水层和防渗层。各层填料均有其相应的功能，各层之间如果稳定性较差，就会影响各层的功能发挥，进而影响雨水处理的整体效果。

（5）过渡层设计。覆盖层要防止有固体颗粒进入滤料层，可在覆盖层下设置无纺土工织物，避免颗粒阻塞滤料层。滤料层是雨水处理的核心部分，相对其他各层起到的净化作用最大，如果采用粒径级配变化大或者不同种类的填料组成的多层滤料，会增加湿地的堵塞风险，所以要根据实际情况调整级配规格。排水层的填料一般为 8～16mm 的砾石，且不宜太小，否则产生填料堵塞现象，排水不畅，出现集水现象。当填料层的级配变化很大，应设置一个过渡层，防止排水层的填料颗粒受到侵蚀和潜蚀。

（6）湿地通气设计。通气管道主要用在单向垂直潜流人工湿地中。常设在填料层的底部，与湿地底部的排水管相连接，两种管道管径可相同，可以使氧气通到底部，通过排水管环形穿孔，向湿地内部扩散，同时局部区域厌氧反应产生的沼气和硫化氢等气体能够向外界及时扩散。当设置排水层时，通气管可以设在排水层上方。通气管顶部可以加伞盖，防止树叶等杂物进入管内，避免管道堵塞。

（7）后处理设计。根据《室外排水设计标准》（GB 50014—2021）的要求，选择是否设置消毒设施，景观用水较少用到。

3. 人工湿地的设计参数（源自《海绵城市景观工程图集》）

人工湿地的设计参数见表 5-2～表 5-5。

表 5-2　　人工湿地设计规模

处理能力	单位	湿地规模
＜3000	m^3/d	小型人工湿地
3000～10000		中型人工湿地
≥10000		大型人工湿地

表 5-3　　人工湿地设计参数要求

参数类型	单位	湿地类型		
		表流人工湿地	水平潜流人工湿地	垂直潜流人工湿地
BOD_5 负荷	kg/（hm^2·d）	15～50	80～120	80～120
水力停留时间	d	4～8	1～3	1～3
水深	m	0.3～0.5	0.4～1.6	0.4～1.6
水力坡度	%	<0.5	0.5～1	0.5～1
单元面积	m^2	—	<800	<1500
水力负荷	m^3/（m^2·d）	<0.1	<0.5	<1.0 北方：0.2～0.5 南方：0.4～0.8
单元比	长：宽	3：1～5：1 区域受限时>10：1	<3：1	<3：1

表 5-4　　人工湿地进水水质要求

湿地类型	单位	BOD_5	COD_{Cr}	SS	NH_3-N	TP
表流人工湿地	mg/L	≤50	≤125	≤100	≤10	≤3
水平潜流人工湿地		≤80	≤200	≤60	≤25	≤5
垂直潜流人工湿地		≤80	≤200	≤80	≤25	≤5

表 5-5　　人工湿地出水水质要求

湿地类型	单位	BOD_5	COD_{Cr}	SS	NH_3-N	TP
表流人工湿地	%	40～70	50～60	50～60	20～50	35～70
水平潜流人工湿地		45～85	55～75	50～80	40～70	70～80
垂直潜流人工湿地		50～90	60～80	50～80	50～75	60～80

三、任务解析

1. 任务引入

为贯彻落实中央城镇化工作会议精神，大力推进建设自然积存、自然渗透、自然净化的“海绵城市”，节约水资源，保护和改善城市生态环境，促进生态文明建设，依据国家法规政策，并与国家标准规范有效衔接，住房和城乡建设部组织编制了《海绵城市建设技术指南——低影响开发雨水系统构建（试行）》，并于 2014 年 10 月正式发布，之后又陆续发布了相关文件推进海绵城市建设工作（图 5-2）。

从 2015 年第一批国家海绵城市试点开始至今，全国范围内已经有超过 370 个城市开展了海绵城市规划的相关工作（图 5-3）。国家级海绵城市试点达到了 30 个，其他如江苏、浙江等十多个已经开展了海绵城市省级试点的省份，也选出了将近 90 个省级试点城市。

2015 年 4 月，武汉成为国家首批 16 个“海绵城市”试点建设城市之一。为推进海绵

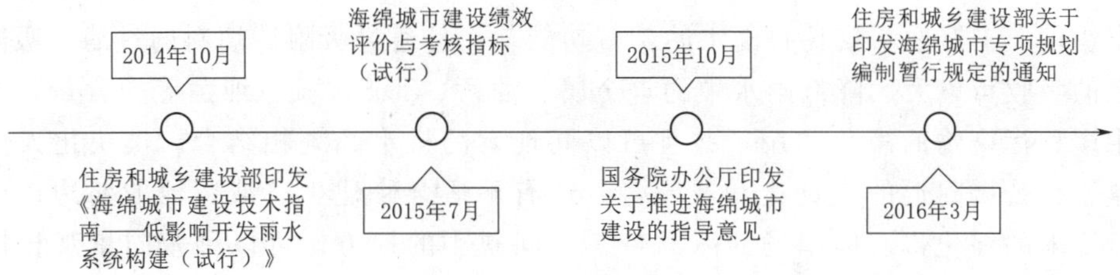

图 5－2　海绵城市相关政策文件发布情况

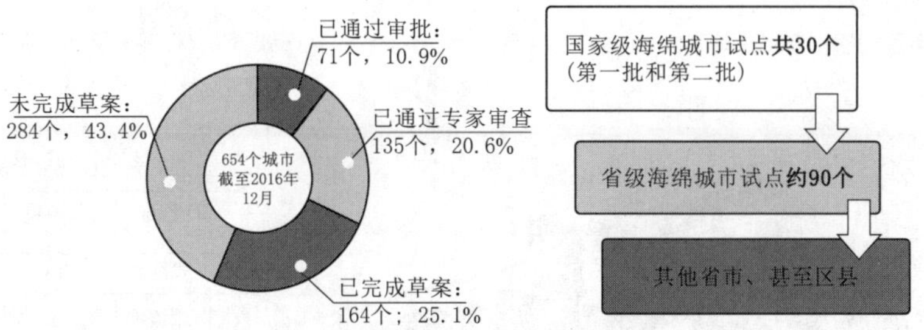

图 5－3　我国海绵城市建设试点情况

城市建设，打造生态宜居家园，潘庙新家园的建设极力响应国家和武汉市的建设要求，对室外工程进行系统的海绵城市设计。本项目位于武汉市新洲区阳逻街潘庙村，地处北半球中纬度，属亚热带季风性湿润气候区，四季明显，光照充足，热量丰富，雨水充沛。初夏梅雨季节雨量较集中，武汉市年平均降水量为 1205mm。项目地块区域周边水系发达，拥有阳逻深水良港及大小河流，属于阳逻沿江系统。现状建场地多为坡地，部分为民房、鱼塘，地势起伏较大，地面标高多在 20.13～33.20m 之间，最大高差 13.07m；地貌单元属长江三级阶地。

根据区域地质构造及地勘资料，该地块场地地质条件较为复杂，浅层主要为人工填土及淤泥质黏土，较深层为老黏性土及碎石土，更深层为粉砂、残积土及砂岩等，地下水类型为上层滞水，本场地虽然地质稳定性好，适宜拟建物的建筑，但土壤渗透性较弱，渗透系数约为 10^{-7}～10^{-6}，在进行部分低影响开发措施建造时需考虑更换土层。

潘庙新家园是城中村改造的村民还建用房，属安居保障社区建设项目，项目规划总建设用地 78413m^2，包括净用地 65740.58m^2，代征道路 12672.42m^2，社区的建筑用地比例 33.27%，绿化率 31.18%。本项目海绵城市建设工程主要包括生态滞留池、生态植草沟、下沉式绿地、渗透型排水沟、透水砖铺装、透水沥青铺装及人工湿地等。

2. 设计依据

本次任务的设计依据主要是《海绵城市景观工程图集》《人工湿地水质净化技术指南》《武汉市海绵城市规划设计导则》等行业与地方标准规范。

3. 设计目标

模块化人工湿地不仅具有雨水的调蓄功能，而且通过吸附性填料的过滤、吸附和植物根系的吸收可以大大降低雨水中的重金属、油污、TSS、氮、细菌等的含量，起到对雨水中多种污染物的净化作用，并且可以同现有的排水系统相结合。模块化人工湿地适合置于办公楼附近的广场边和花园旁，还有不适合修建生态滞留池的路边；可以置于人行道上的绿化带、停车场的隔离带等空间狭小的地方，可以种植同景观相协调的植物，起到美化效果。可根据拟建海绵设施规模，设计个性化的模块化人工湿地，以满足该建设项目对雨水控制、管理、净化、利用的目的，相关 LID 设施设计规模和雨水处理规模如图 5-4 所示。

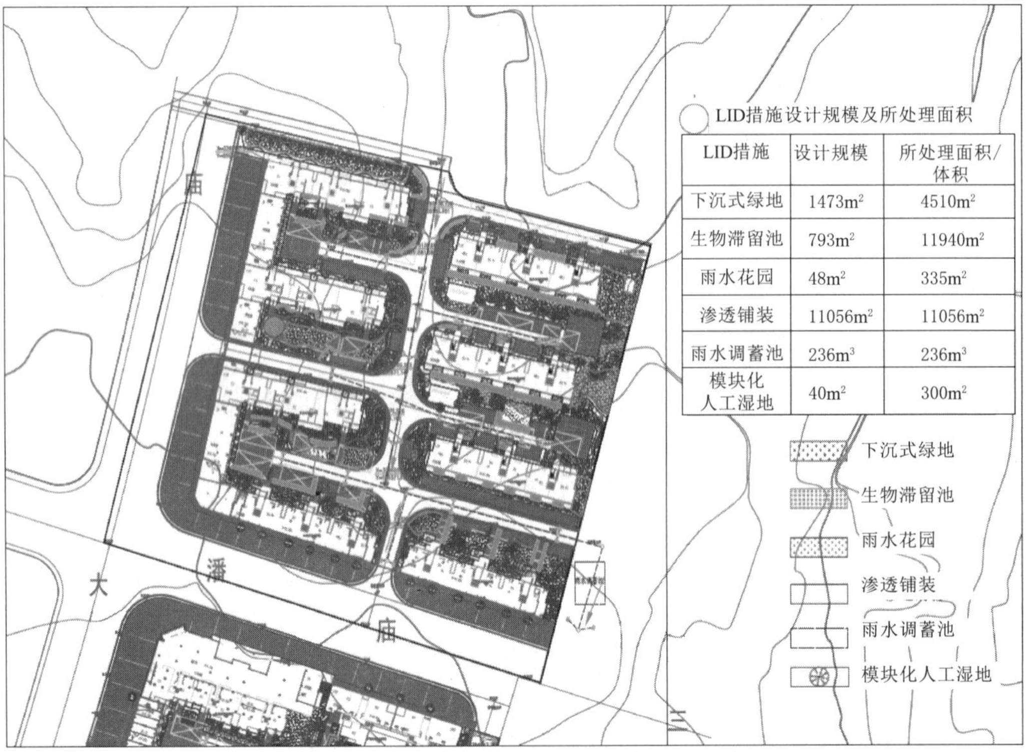

图 5-4　建设场地 LID 布置详图及设计规模

模块化人工湿地典型结构如图 5-5 所示。

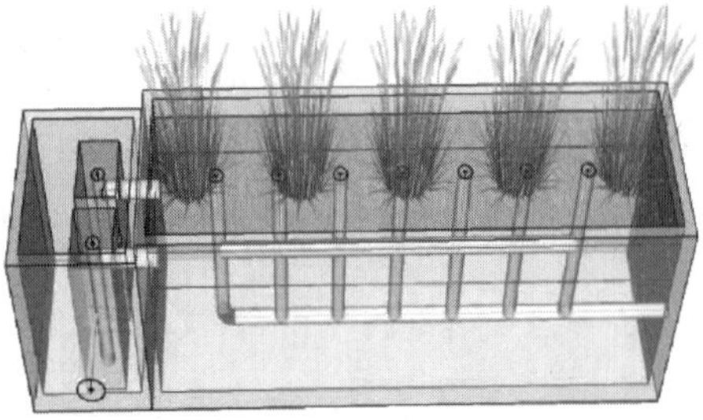

图 5-5　模块化人工湿地

4. 设计思路

(1) 分析不同类型人工湿地结构特征。主要关注各类型湿地的水流方向、填料类型、填料厚度、铺设方式、集配水系统设计、通气系统设计、防渗设计等结构设计要素，沿水流路径跟踪分析各类型湿地的污水净化效果影响因素。

1) 表流人工湿地，如图 5-6～图 5-9 所示。

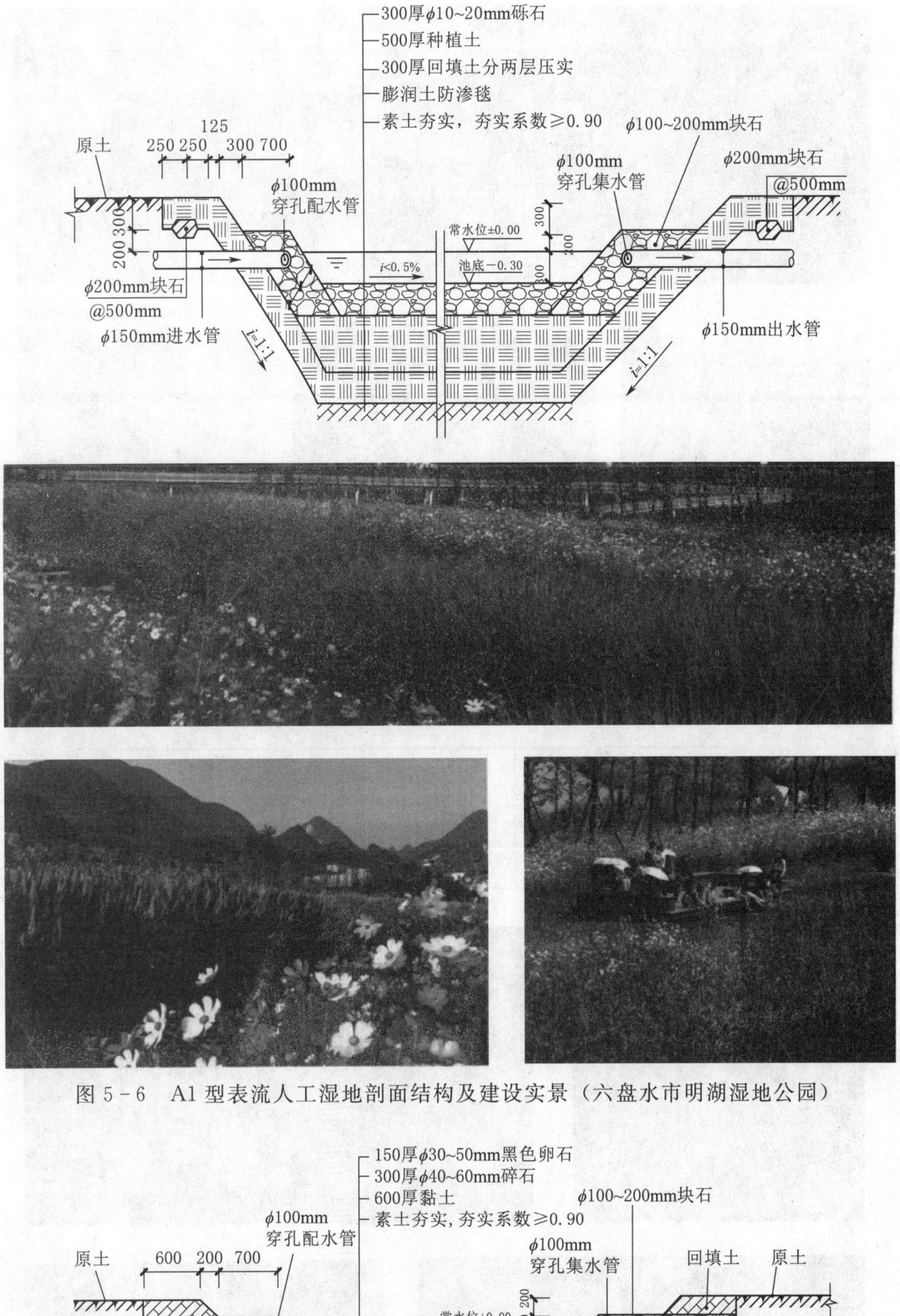

图 5－6　A1 型表流人工湿地剖面结构及建设实景（六盘水市明湖湿地公园）

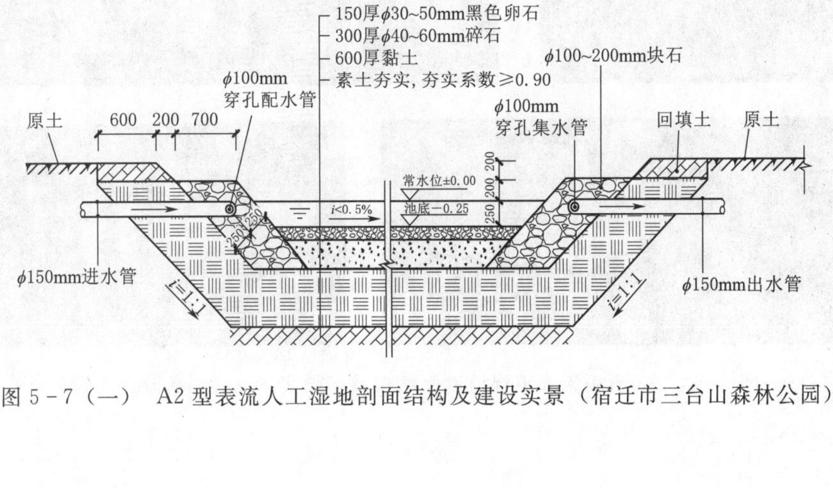

图 5－7（一）　A2 型表流人工湿地剖面结构及建设实景（宿迁市三台山森林公园）

图 5-7（二） A2 型表流人工湿地剖面结构及建设实景（宿迁市三台山森林公园）

图 5-8 A3 型表流人工湿地剖面结构及建设实景（宜昌市运河公园）

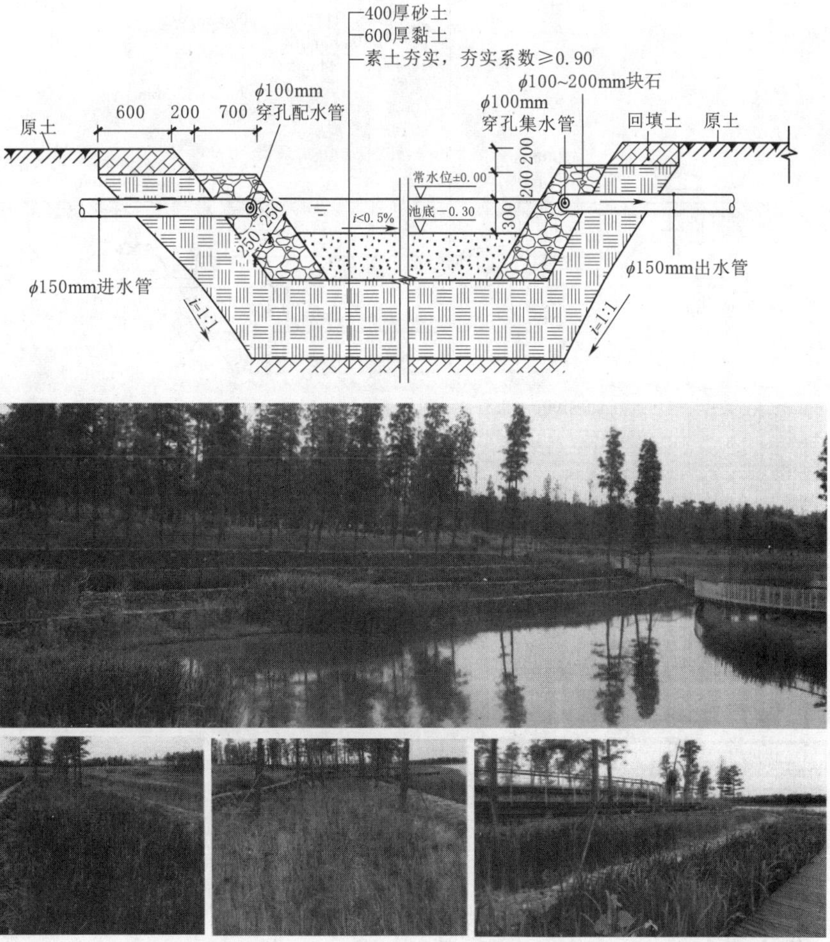

图 5－9　A4 型表流人工湿地剖面结构及建设实景（宿迁市三台山森林公园）

2）潜流人工湿地，如图 5－10～图 5－14 所示。

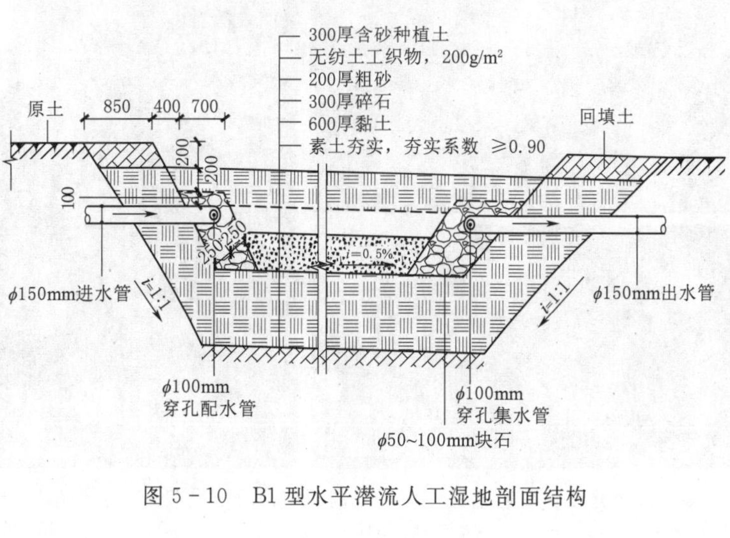

图 5－10　B1 型水平潜流人工湿地剖面结构

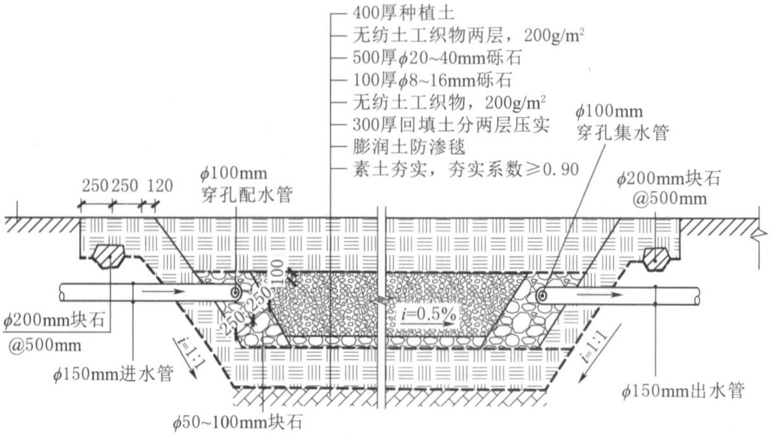

图 5－11　B2 型水平潜流人工湿地剖面结构

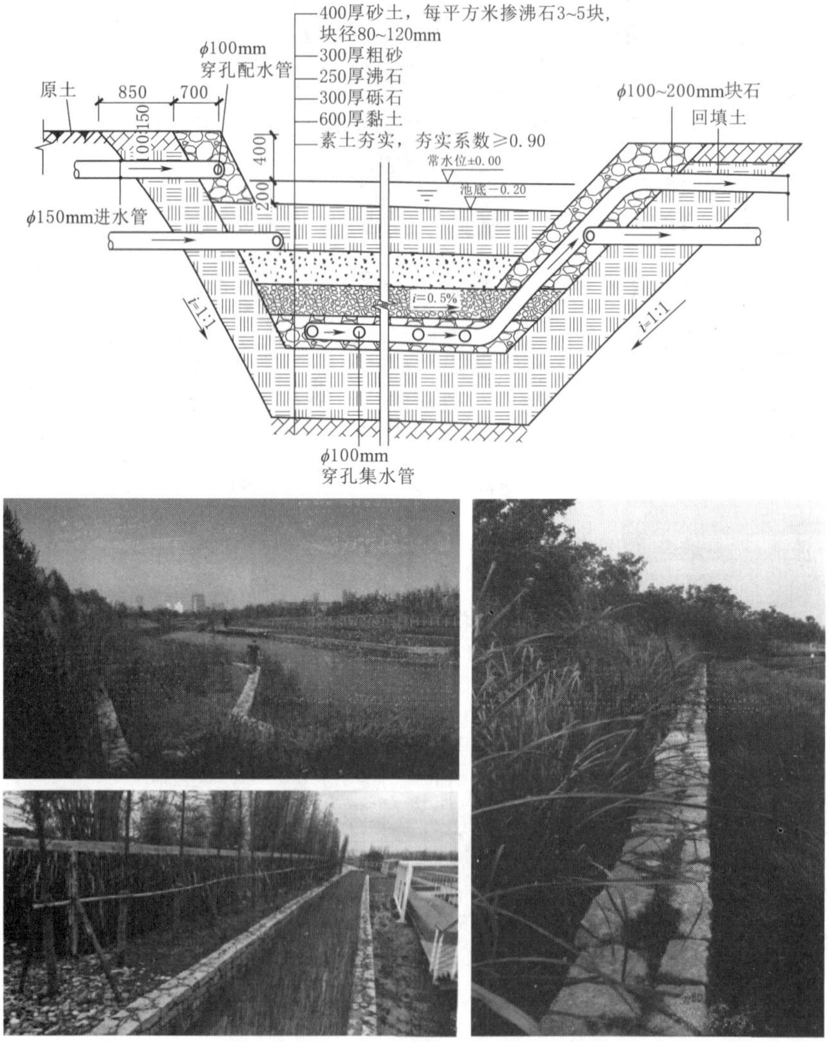

图 5－12　B3 型水平、垂直潜流人工湿地剖面结构及建设实景（上海市后滩公园）

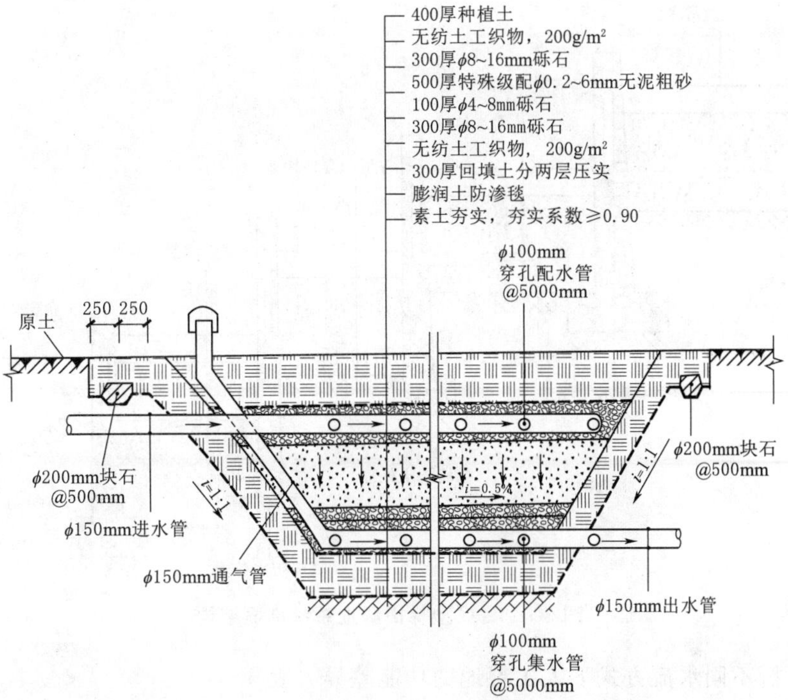

图 5－13　B4 型垂直潜流人工湿地剖面结构

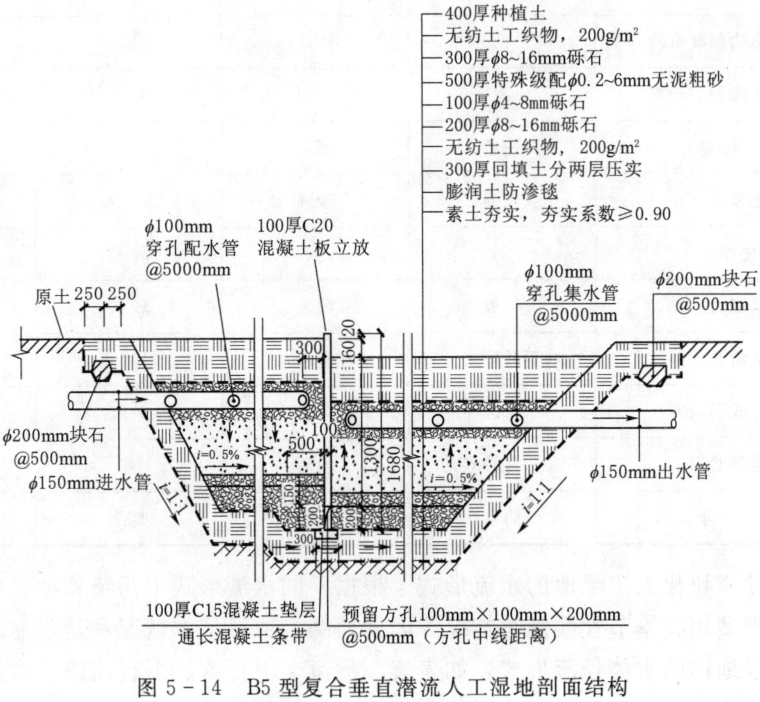

图 5－14　B5 型复合垂直潜流人工湿地剖面结构

3）人工湿地系统，如图 5－15 所示。

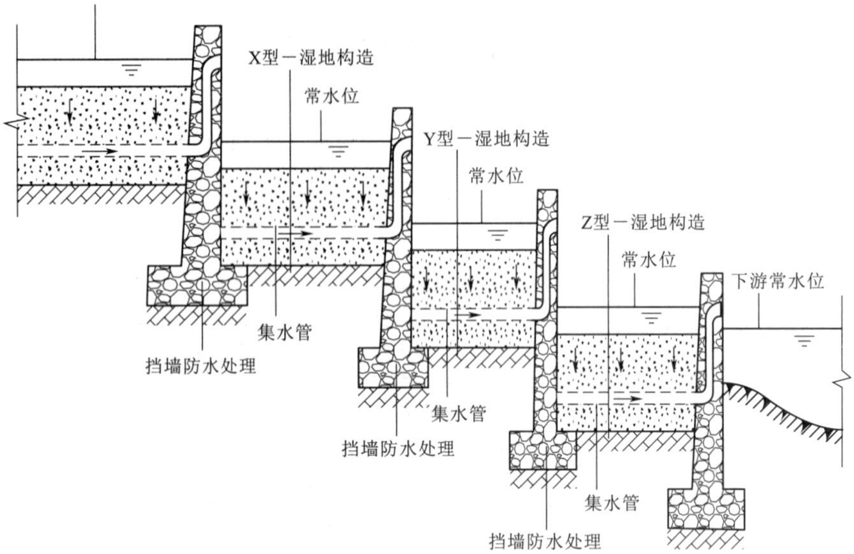

图 5-15　C 型梯田湿地系统剖面结构

（2）分析不同水流方式下人工湿地的功能差异（表 5-6）。

表 5-6　不同水流方式下人工湿地的功能及特点

水流方式	表面漫流	水平潜流	上行垂直流	下行垂直流
水力与污染物削减负荷	低	较高	高	高
占地面积	大	一般	较小	较小
有机物去除能力	一般	强	强	强
硝化能力	较强	较强	一般	强
反硝化能力	弱	强	较强	一般
除磷能力	一般	较强	较强	较强
堵塞情况	不易堵塞	轻微堵塞	易堵塞	易堵塞
季节气候影响	大	一般	一般	一般
工程建设费用	低	较高	高	高
构造与管理	简单	一般	复杂	复杂

（3）设计模块化人工湿地的水流形式。根据不同水流形式下污染物净化效果及占地面积、构造管理费用、季节气候影响情况等因素，结合项目基本情况和建设需求，初步拟定模块化人工湿地内的水体径流形式，如表流、潜流、上行流、下行流或复合流等。

（4）设计模块化人工湿地结构形式。为实现上述水体流动方式，将人工湿地各设计要素进行结构集中化、功能加强化，并绘制具体的结构设计示意图。

四、工作实施

1. 不同类型人工湿地的结构功能分析

（1）表流人工湿地结构和功能特征（可结合具体剖面结构图）。

1）表流人工湿地的使用情景为____

____。

2）表流人工湿地的水流方向为____

____。

3）表流人工湿地的滤料选择和铺设方式为____________________________________

____。

4）表流人工湿地的管道设计和使用情况为____________________________________

____。

5）表流人工湿地的建造维护费用情况为______________________________________

____。

6）表流人工湿地的工程占地情况为____

____。

7）表流人工湿地的受季节变化的影响情况为__________________________________

____。

8）表流人工湿地运行过程中又能出现的堵塞情况为____________________________

____。

9）表流人工湿地的污染物去除情况为____

____。

10）表流人工湿地与其他海绵设施的衔接设计情况为__________________________

____。

（2）潜流人工湿地结构和功能特征（可结合具体剖面结构图）。

1）潜流人工湿地的使用情景为____

____。

2）潜流人工湿地的水流方向为____

____。

3）潜流人工湿地的滤料选择和铺设方式为____________________________________

____。

4）潜流人工湿地的管道设计和使用情况为____________________________________

____。

5）潜流人工湿地的建造维护费用情况为______________________________________

____。

6）潜流人工湿地的工程占地情况为____

____。

7）潜流人工湿地的受季节变化的影响情况为____。

8）潜流人工湿地运行过程中又能出现的堵塞情况为____。

9）潜流人工湿地的污染物去除情况为____。

10）潜流人工湿地与其他海绵设施的衔接设计情况为____。

（3）梯田式人工湿地系统的结构和功能特征（可结合具体剖面结构图）。

1）梯田式人工湿地系统的使用情景为____。

2）梯田式人工湿地系统的水流方向为____。

3）梯田式人工湿地系统的滤料选择和铺设方式为____。

4）梯田式人工湿地系统的管道设计和使用情况为____。

5）梯田式人工湿地系统的建造维护费用情况为____。

6）梯田式人工湿地系统的工程占地情况为____。

7）梯田式人工湿地系统的受季节变化的影响情况为____。

8）梯田式人工湿地系统运行过程中又能出现的堵塞情况为____。

9）梯田式人工湿地系统的污染物去除情况为____。

10）梯田式人工湿地系统与其他海绵设施的衔接设计情况为____。

2. 模块化人工湿地内的水流方式确定

基于对各种类型人工湿地结构和功能特点的分析，本次模块化人工湿地设计初步拟定水流方式：

请简要阐述理由（可结合“1. 不同类型人工湿地的结构功能分析”中各要素进行阐述）：

经小组讨论后确定，本次模块化人工湿地选定的水流方式为：

3. 模块化人工湿地结构确定

为实现上述水流方式，采用的模块化人工湿地结构如下（请绘制模块化人工湿地示意图，图中应显示入水口、出水口、集配水管道、通气管道、填料铺设方式等要素）。

经小组讨论后，对上述示意图进行修改完善，如下图所示。

修改理由为：

课堂分组展示后，对上述示意图再次进行修改完善，如下图所示。

修改理由为____。
本设计的优势为____。
本设计的不足之处为____。
本设计的下一步改进方向为_____________________________________。

4. 模块化人工湿地填料确定

为提高水质净化效率，避免湿地运行过程中发生堵塞情况，延长模块化人工湿地的使用寿命，按照经济、易取的原则进行滤料选择。

本次选用的填料类型为：

铺设方式为：

采用上述方案的理由为：

5. 模块化人工湿地水生植物配置

为在达到水质净化目标的同时实现景观营造效果，为居民提供更加宜居的生活环境，按照优先选择本土植物的原则，进行水生植物配置。

本次选用的水生植物类型为：

配置方式和种植密度为：

采用上述方案的理由为：

6. 管理维护方案确定

为了使模块化人工湿地更好地发挥生态服务功能，改善人居环境，请阐述湿地运行期间的管理维护要点。

五、成果提交

请将设计成果用 BIM 软件绘图并粘贴到以下空白处。

任务六　雨水调蓄池设计

一、知识清单

1. 雨水调蓄池的概念

海绵城市对雨水控制与利用的主要方式包括雨水入渗、雨水收集回用和雨水调蓄排放，可解决道路积水等城市“通病”。雨水调蓄池是一种雨水收集设施，一般建造于城市广场、绿地、停车场等公共区域的下方，通过暂留雨水径流高峰流量、后期排入市政管网或净化回用，起规避雨水洪峰、提高雨水利用率、削弱水体污染等积极作用。它是雨水调蓄系统的核心部分，应兼具雨水滞蓄、储存和调节的作用。

(1) 雨水滞蓄，在降雨期间滞留和蓄存部分雨水以增加雨水的入渗、蒸发并收集回用。

(2) 雨水储存，在降雨期间储存未经处理的雨水。

(3) 雨水调节，也称调控排放，在降雨期间暂时储存（调节）一定量的雨水，削减向下游排放的雨水峰值径流量、延长排放时间，但不减少排放的总量。

设置雨水调节池的主要目的在于减小雨水外排的流量，减轻市政管网的压力。

2. 雨水调蓄池的分类及作用

(1) 根据用途进行分类。根据用途可以将雨水调蓄池划分为 3 类：控制径流污染雨水调蓄池、削减峰值流量雨水调蓄池和雨水综合利用调蓄池。

1) 控制径流污染雨水调蓄池。控制径流污染雨水调蓄池主要用于收集污染物浓度较高的初期雨水，在降雨期间通过静置初步改善水质；当降雨量较小时，不满足溢流条件的雨水暂时不排入管渠；当降雨量较大时，满足溢流条件的雨水在降雨停止后，通过雨水管渠送到污水处理厂中或者调蓄池直接就地处理，以降低初期雨水对水体的污染。控制径流污染雨水调蓄池容积示意图如图 6－1 所示。

2) 削减峰值流量雨水调蓄池。削减峰值流量雨水调蓄池主要用于降雨强度较大的情况，通过控制雨水径流，储存部分暴雨洪峰时期的雨水，从而达到削减峰值流量、减轻下游排水管网压力的效果。下游管渠压力减小，因此无需改造现有设计规模较小的雨水管渠和泵站，减少排水系统费用。当排水管渠较长且采用重力流的工作方式时，该作用尤其显著。削减峰值流量雨水调蓄池容积示意图如图 6－2 所示。

3) 雨水综合利用调蓄池。雨水综合利用调蓄池主要用于收集降雨后期污染程度较低的雨水，这些储存的雨水在经过进一步的净化后可以综合利用，从而提高雨水的利用率。

晴天闲置时，雨水调蓄池可以暂时储存污水处理厂的部分出水，以满足市政用水需求。

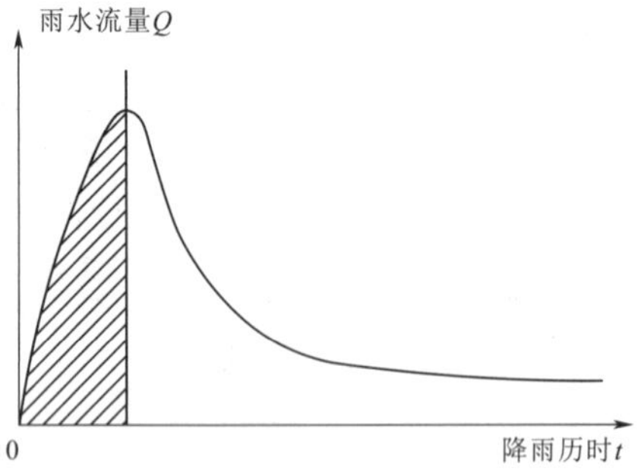

图 6－1　控制径流污染雨水调蓄池容积示意图

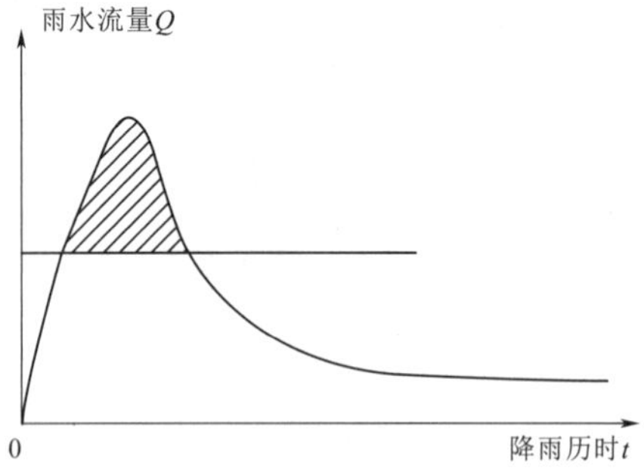

图 6－2　削减峰值流量雨水调蓄池容积示意图

（2）根据材质进行分类。传统调蓄池的材质多为钢筋混凝土或玻璃钢。前者安装工艺复杂，内壁粗糙易附着沉积物，抗震抗沉降性能差，一次使用后会产生大量建筑垃圾；而后者形状固定，运输麻烦，承重性能及耐温性能差。传统调蓄池材质已无法满足海绵城市快速发展的要求。目前，在海绵城市建设中，常用的雨水调蓄池有 PP 模块雨水调蓄池和硅砂模块雨水调蓄池。

1）PP 模块雨水调蓄池。PP 模块是由可循环使用的嵌段共聚丙烯（PPB）经一次注塑成型的单元长方体，采用可自由拼装及拆除的 PP 雨水模块施工技术，配套外部防水包裹物实现调蓄池高效、环保、安全施工。PP 雨水模块尺寸为 540mm×540mm×520mm，可灵活组合拼装；外部包裹防渗膜、土工织物和防护板等，可防止雨水外渗并保护内部结果，如图 6－3 所示，其功能用于储存雨水。在以下渗、补充地下水位为目的时优先考虑 PP 模块。综合造价约 1500～2100 元/m^3。

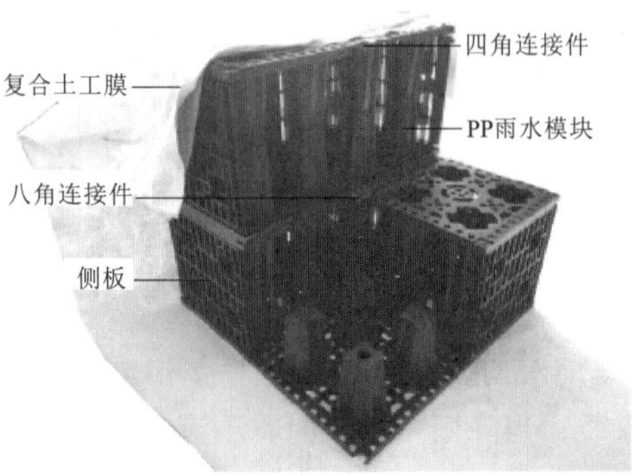

图 6－3　PP 模块组装示意图

PP 模块组装效率高；施工安装方便，仅为传统水池施工周期的 1/3；可长时间储水；抗压能力强，空隙率达 95%以上。但由于结构复杂，PP 模块清洗不方便，维护困难。该模块调蓄池为轻质水池，施工时须严防水池上浮。

2）硅砂模块雨水调蓄池。硅砂模块雨水调蓄池由六边形蜂巢状的透水滤水砌体结构组成，如图 6－4 所示。以径流污染控制为主要目的时推荐采用。收集后的雨水汇入净水蓄水池中进行储存保鲜，储存保鲜系统是通过模拟地下水在地层中储存的结构原理储水，底部铺设的透气防渗砂具有透气不透水的功能，能够接通地气，实现水体与底层间的离子交换，起到对水质的保鲜作用。综合造价约 1800～2600 元/m^3。

调蓄池采用蜂窝状结构，既能达到结构稳定相应指标，又可以实现过滤净化同步，防渗防蒸发一体化，同时透气保鲜。进入硅砂蓄水池的雨水需在蓄水池前进行截污、沉砂等

图 6-4　硅砂模块雨水调蓄池的构造

预处理，蓄水后无须后续过滤措施。在进水排泥通道设置了相应的倒坡，可以使雨水中沉淀下来的泥浆回流到进水井的集泥坑中，由排泥泵排出；进、出水端均有人孔，用于设备检修、取水检测等工作；出水端设供水泵，便于雨水利用，如图 6-5 所示。

硅砂模块雨水调蓄池主要采用透水滤水砌体及透气防渗砂材料，池内形成富氧与缺氧双重环境，给微生物处理创造条件，拥有一定的生物净化能力，主要技术特点如下：

a. 储水技术：蜂巢结构稳定安全，出水量超过 88.5%。

b. 保鲜净化技术：将透气防渗砂设置在池底，溶解氧的浓度在 6%～8%之间，避免在厌氧反应下使水体变得黑臭，利用生物挂膜的方式，对生物水体进行净化，井壁微米级孔隙过滤，可有效降低水体中颗粒物的浓度。

c. 模块化设计：水池主体为预制模块，灵活布设，适用于各类场地，结构简单，工期较短，在 15～20d 内即可完成施工任务。

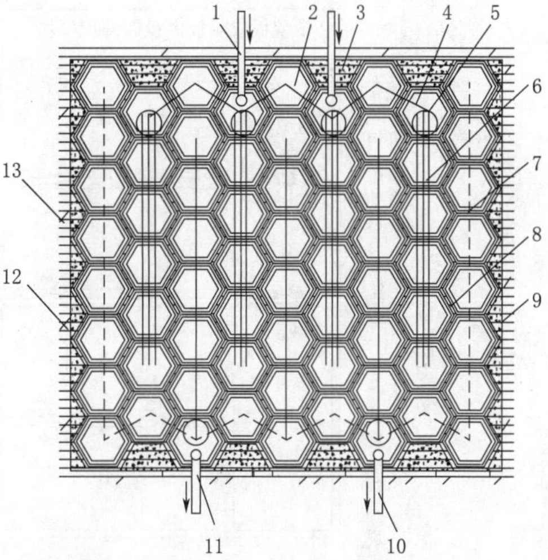

图 6-5　硅砂模块蓄水净水池水流组织示意图

1—进水管；2—硅砂井室；3—排泥泵；4—人孔；5—排泥通道；6—进水水流组织线；7—出水水流组织线；8—过滤墙；9—加气砌块；10—出水管；11—排水泵；12—防水土工膜；13—回填土

3）模块化调蓄设施。模块化调蓄设施主要采用钢筋混凝土预制而成，具有高强的抗压性，通过单元化设计可按调蓄需要和场地条件进行任意平行和竖直组合（两层复叠）来满足设计需要，布置示意图如图 6-6～图 6-9 所示。根据地质情况和使用需求可分别作为渗透设施和调蓄设施使用，并且可以和其他雨水预处理产品相结合使用，提高雨水的净化效果。与 PP 模块不同之处在于该设施可通过人孔进入设施内部，方便对设施进行维护和沉淀物清理。

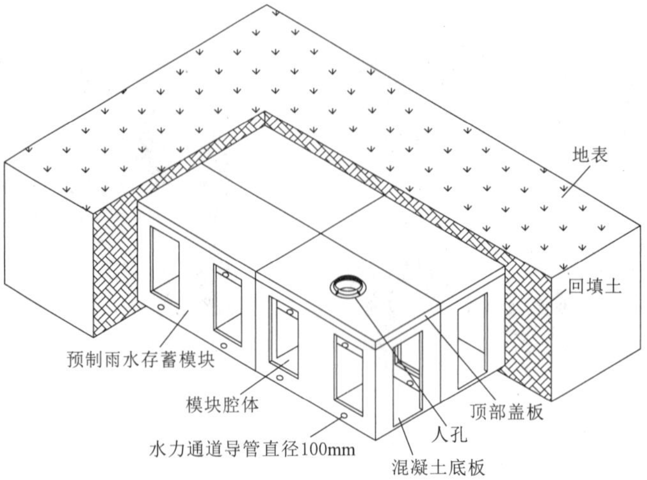

图 6-6　模块化调蓄设施轴侧图

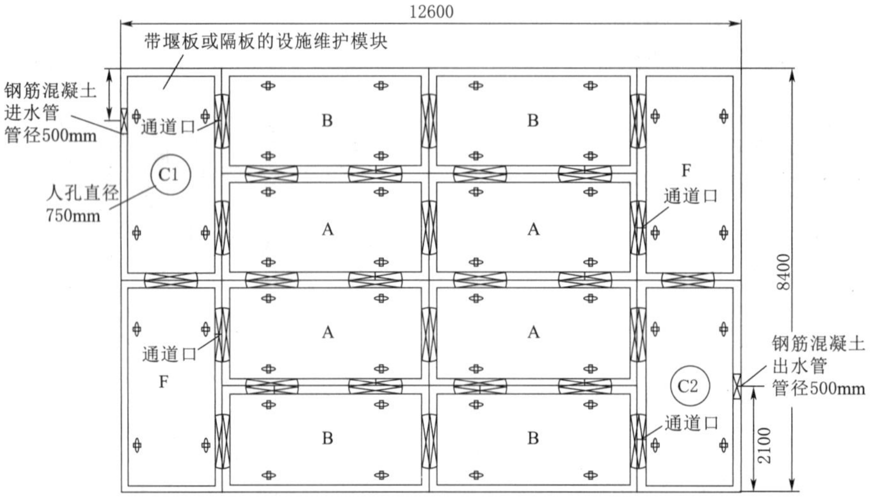

图 6-7　模块化调蓄设施场地布局图（单位：mm）

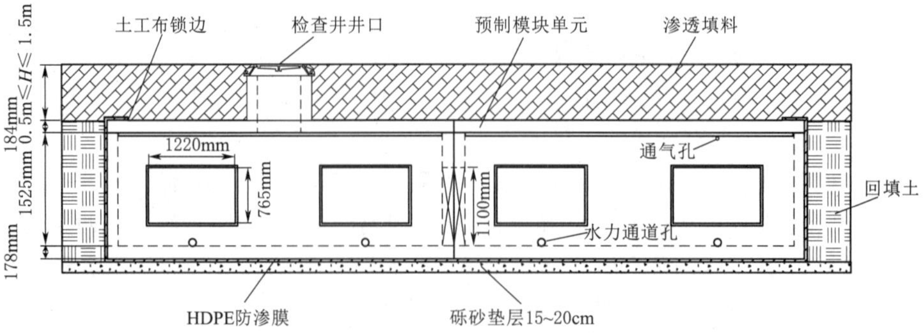

图 6-8　模块化调蓄设施立面图

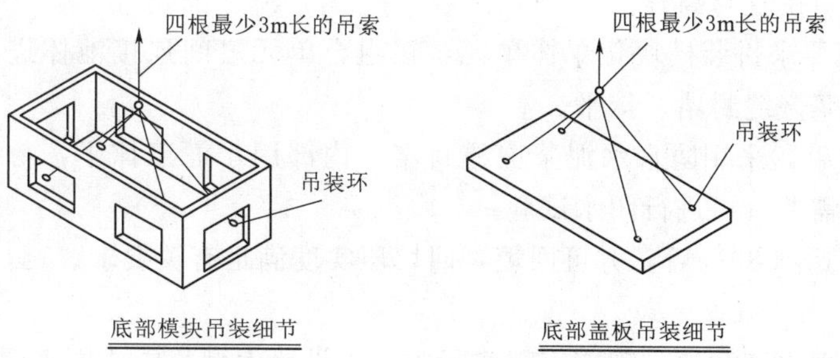

图 6-9　模块化调蓄设施吊装图

该设施由钢筋混凝土预制模块组合而成，只需要在现场通过吊装进行安装。具有超过15t的抗压强度；存蓄池模块单元之间组装方便，模块亦可根据实际情况设计成不同尺寸大小；空间容量大，雨水经过弃流、过滤后进入存蓄池，可提供足够的有氧活动空间，避免因雨水停滞而产生影响水质的厌氧环境；模块位于地下，抗浮性强，不会影响地面场地使用。综合造价约 1700～2500 元/m^3。

安装或施工步骤如下（图 6-10）：

a. 基坑提前挖掘，对地基进行处理按规范进行高程、平整度、地基承载力等项目的检查。

b. 在地基上首先铺设 HDPE 防渗膜，再铺设 15～20cm 厚的砂砾垫层并找平，垫层注意控制高程和水平。

c. 将预制的混凝土模块化单元池体吊装置基坑中砂砾垫层，按照工程图的要求确定

图 6-10　模块化调蓄设施安装图

设施的总进出水口位置与高程。

d. 按照图纸要求拼装模块化单体单元，在组合单元之间连接池体进出水洞口，接口处使用防水水泥浆嵌缝封堵、抹平。

e. 连接出水管，采用防水水泥浆嵌缝封堵。内部用水泥浆抹平，与预制混凝土底座内壁平齐。如有需要，可进行闭水试验。

f. 砂浆强度达到80%后，方可回填，回填压实度满足有关要求。

3. 雨水调蓄池的布置方式

（1）集中式雨水调蓄池。现有工程实际中，多设置大型集中式雨水调蓄池。设置集中式雨水调蓄的优缺点有：集中式雨水调蓄池设计方便，便于施工管理，与分散串联式雨水调蓄池相比造价较低；但体积与占地面积过大。随着降雨不断增多、城市可建造建筑面积越来越少，在城市建设体积较大的雨水调蓄池将面临着土地紧缺甚至无建筑土地等问题。

（2）分散串联式雨水调蓄池。分散串联式雨水调蓄针对具体设计区域及目标污染物，在雨水干管中设置若干个较小容积的雨水调蓄池，各调蓄池间由雨水管道串联。分散串联式雨水调蓄池可以最大限度地利用原有管渠，不改造或少改造原有雨水管渠，提高雨水管渠系统的排水能力，是旧城区改造雨水管渠系统的有效方法。

设置分散串联式雨水调蓄池的优点如下：

1）减小单座雨水调蓄池的汇水面积，初期雨水截留效果好。如果雨水调蓄池设置距离过大，则单个雨水调蓄池对应的汇水面积增加；当汇水面积最远点的雨水到达雨水调蓄池时，经过较长时间的冲刷，靠近调蓄池的地面径流成为污染较小的后期雨水，下游的后期雨水与上游的初期雨水混合，将加大调蓄池设计规模。如果下游靠近雨水调蓄池的地面径流污染程度达到后期雨水标准时，管渠上游的初期雨水还未到达初期雨水调蓄池，则下游后期雨水继续进入，若不增加调蓄池规模，将出现径流污染负荷量收集不足。采用分散串联式雨水调蓄池，可以较好地解决这一问题。

2）有利于暴雨错峰，减轻下游管渠的负担，从而减少内涝现象的发生。雨水管渠流量随着汇水面积的增加而增大，但暴雨强度随着降雨历时的增加而减小。分散串联式布置雨水调蓄池，各调蓄池容纳对应汇水面积5～20min的雨水径流量，进入雨水管渠的雨水被调蓄池截留，延长了管渠内流行时间。在暴雨强度最大的峰值时段，由于管渠内的雨水流量不叠加，待调蓄池内水量达到溢流水位时，雨水才流入下游管渠，将管渠内的雨水相对平均分布，起到良好的错峰作用。

3）减少管渠淤积，保证管渠排水效率。雨水管渠每隔一段设置调蓄池，由于雨水在调蓄池内的流速很慢，大部分泥沙在调蓄池内沉积，雨水管道内将保持良好的过流状态，有利于提高排水效率。

4）调蓄池化整为零设置，可实施性强。城市用地紧张，单座雨水调蓄池所需空间大，难以辟出大块土地建设，如果在城市道路沿线充分利用地下空间，兴建小型雨水调蓄池，技术上可行，施工难度小，可操作性强。

4. 雨水调蓄池设置位置

根据《城镇雨水调蓄工程技术规范》（GB 51174—2017），用于削减峰值流量和雨水综合利用的调蓄池宜设置在源头，用于削减峰值流量和控制径流污染的调蓄池宜设置在管道系统中。

雨水调蓄池的位置设置应根据调蓄目的、排水体制、管渠布置、溢流管下游水位高程和周围环境等因素确定，可采用多个工程相结合的方式，有条件的地区宜采用数学模型进行方案优化。根据各排水分区内下垫面条件和竖向，合理布局源头分散串联式雨水调蓄池。当排水分区内源头分散串联式雨水调蓄池无法满足控制要求时，可在排水下游较开阔的公共区域设置集中式雨水调蓄池，集中式雨水调蓄池的规模应根据控制指标确定。

二、设计要点

1. 城市雨水调控排放系统的布设原则

雨水调蓄是实现“海绵城市”的重要举措之一，具有削减峰值流量的作用，对减少城市内涝具有重大意义。城市雨水调控排放系统的布设原则如下：

(1) 调蓄设施应优先选用雨水管渠附近的天然洼地、池塘、景观水体，位置一般设置在雨水干管（渠）或有大流量交汇处，或靠近用水量较大的地方，尽量使整个系统布局合理。地上式调蓄池应与周围地形、地貌和景观相配合，宜集成调蓄、入渗、景观等多功能。调蓄空间内雨水宜采用重力流自然排空，必要时可用水泵强排，排空时间应小于12h。调蓄设施应便于沉积物的清除。

(2) 流量控制设施应设于调蓄设施的下游，设计重现期降雨情况下的最大出流量应不大于要求控制的值，溢流设施宜单独设置，并将流量控制设备与溢流堰布置在同一个构筑物内。溢流宜采用重力流排出，如采用堰或虹吸管等；上游管道入流应保证不受溢流雨水的顶托。

(3) 在设计标准范围内，调控排放系统的下泄流量应控制在下泄流量的上限以下。一般情况下，当系统内溢流堰前的最大水位达到溢流堰顶，但尚未发生溢流时下泄的流量最大，此时的流量也就是控制下泄流量的上限，则下游所接入市政雨水管线在设计时应按照该上限值进行计算。

但在实际设计过程中，调蓄容积的设计是最关键的，由于设计失误导致雨水调蓄池起不到应有的作用，下面对雨水调蓄系统的设计要点进行分析。

2. 雨水调蓄池的有效容积计算

如何设计合理的调蓄池容积，既符合规范要求，又能兼顾经济因素，是雨水调蓄系统设计的关键。

(1) 确定雨水调蓄池容积需要考虑的因素。确定雨水调蓄池容积时，应考虑下列影响因素和原则：

1) 要考虑可收集和储存的雨水量，是否常年蓄水，蓄水的主要用途和需水量要求。

2) 雨水收集后的使用频率和用水量。

3) 雨水调节储存有无渗透功能。

4) 充分考虑其他水源和蒸发、漏失等损失水量，进行水量平衡分析。

5) 选用多种形式进行对比、筛选，按投入产出比等经济指标确定最佳容积。

(2) 雨水调蓄容积的计算原理。按照其目的、进出水方式的不同，其计算模型也不同。主要包括如下几种（图 6－11）：

1）以雨水集蓄利用为目的，产流后即流入调蓄池，当池中充满水后开始外排，如图 6-11（a）所示。此方式可以实现在一定重现期设计时全部收集，即在设计重现期下无外排雨水。

2）以雨水集蓄利用为目的，但溢流出口设置在调节储存池的前端。当雨水流量超过设计入流能力时，开始外排，如图 6-11（b）所示。

3）以调节洪峰为主要目的，排水口设置在池底部，其简化模型如图 6-11（c）所示。雨水管道调蓄和有渗透功能的储存也属于此类，对于后者，外排应改为下渗。

4）以调节洪峰为主要目的，水量较小时通过管道直接排放，当流量达到某一控制值时开始调蓄洪峰，等流量下降后再缓慢地排放或利用雨水，如图 6-11（d）所示。

这几种简化模型的原理均是基于降雨流量公式和降雨过程线，计算时大多以拟汇流区域内一场雨（通常取 2h）来计算。为简化计算，另一种方法是根据当地气象资料，按一定重现期设计标准降雨量（24h 最大降雨量）计算。合理确定雨水调蓄容积是一个重要而复杂的问题，除了调蓄目的外，还需要根据水量平衡分析和投资效益分析等综合考虑。

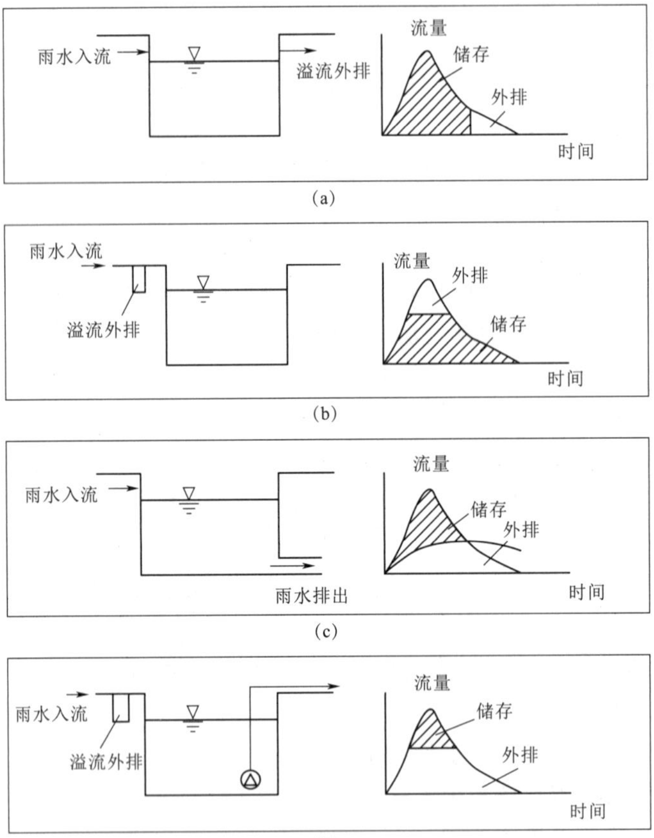

图 6-11　雨水调蓄容积计算简化模型

（3）雨水调蓄容积的计算。根据《建筑与小区雨水控制及利用工程技术规范》（GB 50400—2016）第 4.3.8 条，调蓄池容积宜根据设计降雨过程变化曲线和设计出水流量变化曲线经模拟计算确定，资料不足时可采用式（6-1）计算：

$$V_t = \max\left[\frac{60}{100}(Q-Q')t_m\right] \tag{6-1}$$

式中　V_t——调蓄排放系统雨水储存设施的储水量，m^3；

t_m——调蓄池蓄水历时，min，不大于120min；

Q——调蓄池上游设计流量，L/s；

Q'——出水管设计排水量，L/s。

$$Q' = \varphi q F \tag{6-2}$$

式中　φ——流量径流系数；

q——设计暴雨强度，$L/(s \cdot hm^2)$；

F——汇水面积，hm^2。

Q'可通过式(6-2)求出，并非唯一定值，可取下游管道收纳能力，但 t_m 调蓄池蓄水历时取值随意性较大，用此公式求出的调蓄池容积可选择范围较大。

根据规范《室外排水设计标准》(GB 50014—2006)(2016版)第4.14.5条，在计算削减排水管道洪峰流量时，雨水调蓄池的有效容积可按式(6-3)计算：

$$V = \left[-\left(\frac{0.65}{n^{1.2}} + \frac{b}{t} \cdot \frac{0.5}{n+0.2} + 1.10\right)\lg(a+0.3) + \frac{0.215}{n^{0.15}}\right] \cdot Q \cdot t \tag{6-3}$$

式中　V——调蓄池有效容积，m^3；

a——脱过系数，为调蓄池下游设计流量和上游设计流量之比；

Q——调蓄池上游设计流量 m^3/min；

b、n——暴雨强度公式参数；

t——降雨历时，min。

根据此公式，Q、b、n 为定值，但 a、t 取值随意性较大，用此公式求出的调蓄池容积可选择范围较大。

根据《海绵城市建设技术指南——低影响开发雨水系统构建(试行)》，设计调蓄容积一般采用容积法进行计算，公式如下：

$$V = 10H\varphi F \tag{6-4}$$

式中　V——设计调蓄容积，m^3；

H——设计降雨量，mm；

φ——综合雨量径流系数，进行加权平均计算；

F——汇水面积，hm^2。

根据此公式 H、φ、F 均为定值，设计人员通过此公式求得的调蓄池容积较为明确。故推荐用此公式计算调蓄容积，用其他两个公式进行容积校核。

3. 雨水调蓄池弃流井的设置

雨水调蓄池与雨水回用池均可收集雨水，但其作用及出发点完全不同。雨水调蓄池的主要作用是削减峰值流量，收集大于下游收纳能力的雨水量，而雨水回用的主要作用是对雨水进行收集回用。因此雨水调蓄池与雨水回用选的弃流井应该不同，如图6-12和图6-13所示，现对这两种情况进行分析。

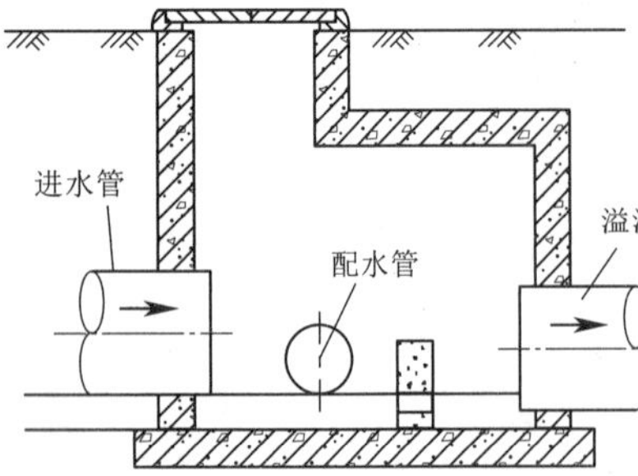

图 6-12　弃流井 1

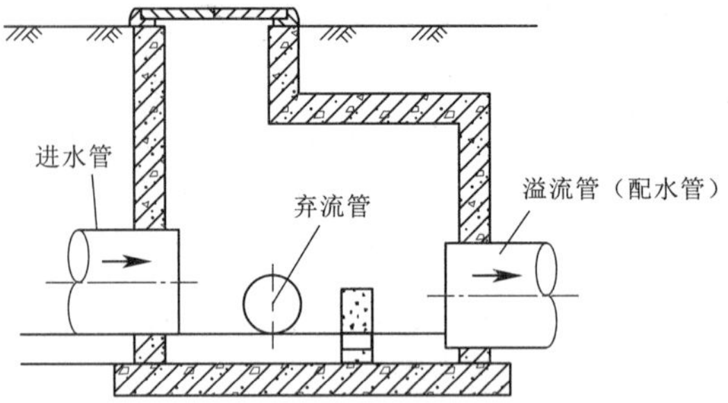

图 6-13　弃流井 2

对于弃流井 1，仅对最大流量超过下游管道收纳能力的流量进行收集，则雨水调蓄池容积 $V_1=\int_{t_1}^{t_4}(q-q_1)\mathrm{d}t$，如图 6-14(a)阴影部分所示，这也是计算雨水调蓄池容积的计算公式，是使调蓄池具有削减洪峰的最小体积。若采用图 6-14(b)所示的弃流井 2，雨水会有限进入调蓄池，直到调蓄池充满雨水，若此时满足削减洪峰的作用，雨水调蓄池容积 $V_2=\int_{t_1}^{t_4}q\mathrm{d}t$，则 $V_2-V_1=\int_{t_1}^{t_4}q\mathrm{d}t-\int_{t_1}^{t_4}(q-q_1)\mathrm{d}t=\int_{t_1}^{t_4}q_1\mathrm{d}t$，显然 V_2 远大于 V_1，从工程建造成本上来说，建造 V_2 大小的雨水调蓄池会造成巨大的成本浪费。实际上，很多设计人员在弃流井的选择时采用弃流井 2，而调蓄池体积采用 V_1 则产生如图 6-14(c)所示情况，则会出现调蓄池再降雨历时为 t 时充满，此时雨水调蓄池 $V_3=V_1<V_2$，对应的降雨历时 t_6 位于 t_2 与 t_4 之间，则对应的溢流量 q_3 大于下游管道收纳能力 q_1，此时调蓄池失去调节洪峰的作用。故在设置雨水调蓄池弃流井时需要按照弃流井 1 设置。

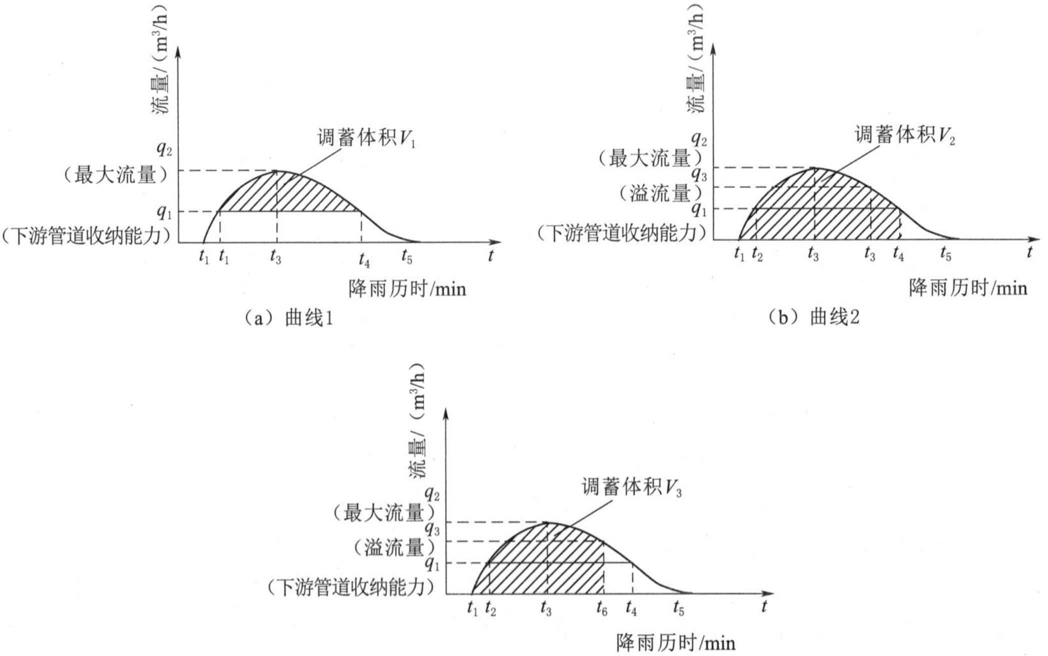

（a）曲线1

（b）曲线2

（c）曲线3

图 6-14　流量-降雨历时曲线

4. 雨水调蓄出水管的设置

在对出水管设计时未进行严格计算，而是认为出水管管径越大越好，现对此情况进行分析。雨水调蓄池出水管分为压力出水和重力出水两种情况。

(1)压力出水。对于压力出水，管道出水流量 Q 计算公式如下：

$$Q=\frac{1}{4}\pi D^2 V \tag{6-5}$$

式中 D——管道直径，m；

V——管道流速，m/s。

雨水调蓄池若要满足削减雨水洪峰的作用，则需要满足出水流量 $Q \leqslant q_1$，故若在实际工程设计中，所取出水管管径大于 D，则 $Q > q_1$，故在压力出水的情况下出水管径选择过大会造成出水流量大于下游管道的收纳能力。

q_1 为下游管道的收纳能力，m^3/s，根据《室外排水设计标准》(GB 50014—2021)第4.2.9条，排水管道采用压力流时，压力管道的设计流速宜采用0.7～2.0m/s。

(2)重力出水。

对于此时出水流量计算公式如下：

$$Q=C_d A\sqrt{2g(\Delta H)}=\left(\frac{1}{4}\pi D^2\right)\sqrt{2g(\Delta H)} \tag{6-6}$$

式中 Q——调蓄池出水流量，m^3/s；

D——管道直径，m；

C_d——孔口流量系数，取 $\mu=0.62$；

A——孔口过水断面，m^2；

ΔH——孔口淹没水深，m；

g——重力加速度，$9.81m/s^2$。

雨水调蓄池若要满足削减雨水洪峰的作用，则需要满足出水流量 $Q \leqslant q_1$，即 $D^2 \leqslant \frac{4q_1}{\mu\pi\sqrt{2gH_3}}$，若在实际工程设计中，所取出水管管径大于管道直径 D，则 $Q > q_1$，因此，在重力出水的情况下，管径选择过大会造成出水流量大于下游管道的收纳能力。

5. 城市高架桥桥面雨水收集利用案例

(1)项目概述。合肥市北二环路(西二环至合武铁路)，全长约5.0km，规划为城市快速路，道路红线宽度70m。其中高架段4.5km，高架桥采用双向六车道，标准段桥面宽度为25m。

本次雨水设计结合海绵城市建设要求，引入低影响开发(LID)理念，构建桥面雨水收集-利用系统，对桥面雨水进行收集和利用。

(2)计算公式与设计标准。

1)雨水调蓄容积的计算。海绵城市低影响开发设施调蓄容积的计算采用下式：

$$V=10H\varphi F$$

2)设计标准。《合肥市海绵城市专项规划(2016—2030)》，本工程位于庐阳区16号、

17号管控单元。年径流总量控制率分别为59%和68%，对应设计降雨量为12.7mm和17.1mm。面源污染(SS)消减目标分别为39.2%和44.6%。

3)设计方案。在高架桥下的中央绿化带内设置雨水调蓄池，桥面雨水经雨落管收集后，排至硅砂蓄水池，水蓄满后溢流排至市政雨水管，蓄水池中的雨水经过过滤、净化后用于绿化浇灌及道路浇洒，如图6-15所示。

图6-15　桥面雨水收集利用

结合高架桥桥面纵断面设计方案，全线共布置5组雨水调蓄池，根据不同汇水面积，计算得出各个池子的容积及尺寸，单个池子容积为155～180m^3。

调蓄池设置在中央绿化带内，池尺寸约为14.2m(长)×6.7m(宽)×2.2m(高)。因调蓄池外侧为机动车道，为确保安全，池壁采用钢筋混凝土结构，顶板覆土1m，顶上覆土种植低矮灌木绿化，调蓄池埋深约3.8m。

本次设计的硅砂蓄水池由过滤池与调蓄净化池两个部分组成。

a. 过滤池。初期雨水经过滤水井过滤其中的悬浮物，后进入调蓄净化池储存；附着在滤水井上的泥浆，经过冲洗管(接市政自来水管)冲洗，将过滤下的泥浆汇集到集水坑中，坑内设排泥泵，出水管接市政污泥管道，用于排空调蓄池底部泥水。

当调蓄池水蓄满后，超量雨水排入市政雨水管道，不影响桥面雨水顺利排放。

b. 调蓄净化池。调蓄池内由透水井、过水通道、通气孔、出水检查井组成，如图6-16所示。出水井内设置用水泵，引出水管道至人行道或机动车与非机动车分隔带，设取水栓，作为市政杂用水取水点。

蓄水池作为排水系统中主要组成部分，应充分发挥其调蓄削峰的作用。市政养护部门应定期进行观测检查，发现异常及时处理，于结束后及时回用调蓄池雨水或排空蓄水池，以腾空池容迎接下次降雨，发挥有效调蓄效应，如图6-17所示。

4)应用效果对比。采用传统PE模块的雨水收集系统，其密度较小，抗浮方面需要特殊处理；结构强度一般，挤压容易变形，模块缝隙进水，无法实现瞬时大流量进出水；池体用来储水，如要保证水质则需要额外增加处理单元；内部结构封闭，后期难以彻底清掏维护。

采用硅砂雨水收集系统，采用蜂窝状硅砂井体结构具有较强的抗浮性；分散独立单体，承压能力强；进出水分流，可实现瞬时大流量进出水；预制模块，现场拼装，施工周期较短；净化、保鲜、存储一体化，雨水回收无需额外进行处理；后期维护较为便利。

与传统工艺技术相比，在结构稳定、水质保障、日常维护方面具有较大优势，该系统总体运行更具经济性。

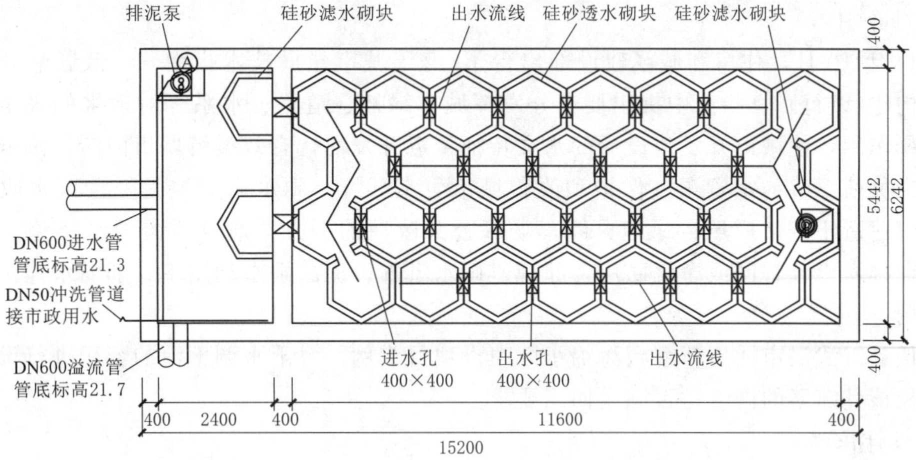

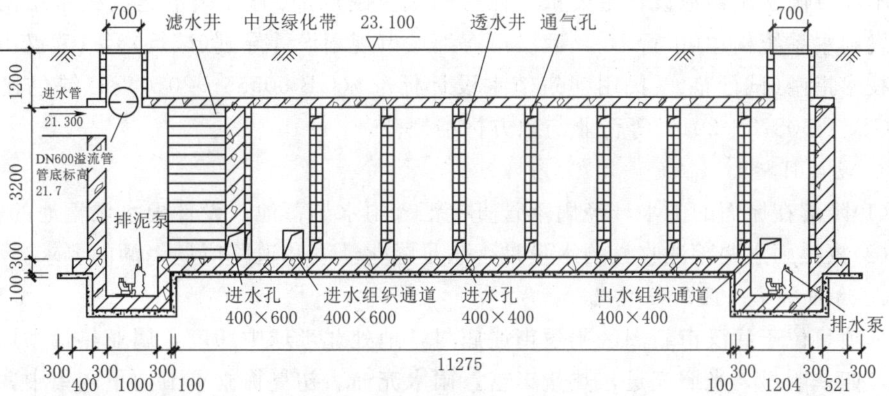

图 6－16　硅砂雨水调蓄池设计

图 6－17　硅砂雨水调蓄池施工过程

三、任务解析

1. 任务引入

2014 年 10 月，住房和城乡建设部出台了《海绵城市建设技术指南——低影响开发雨水系统构建(试行)》，指南中提出要充分发挥城市绿地、道路、水系等对雨水的吸纳、蓄渗和缓释作用，使城市开发建设后的水文特征接近开发前，有效缓解城市内涝、削减城市径流污染负荷、节约水资源、保护和改善城市生态环境。雨水调蓄池是一种雨水收集设施，一般建造于城市广场、绿地、停车场等公共区域的下方，通过暂留雨水径流高峰流量、后期排入市政管网或净化回用，起规避雨水洪峰、提高雨水利用率、削弱水体污染等积极作用。

本任务以武汉市潘庙新家园海绵小区建设项目为例，对雨水调蓄池的容积进行设计计算，并校核其滞蓄的雨量是否满足回用要求。

2. 设计依据

本项目雨水调蓄池设计主要依据住房和城乡建设部《海绵城市建设技术指南——低影响开发雨水系统构建(试行)》、《武汉市海绵城市规划设计导则(试行)》、《武汉市海绵城市建设技术指南(试行)》、《民用建筑节水设计标准》(GB 50555—2010)和《绿色建筑评价标准》(GB/T 50378—2019)等行业与地方标准规范。

3. 设计目标

(1)降落在屋面的雨水，经雨落管直接汇入雨水调蓄池，设计雨水调蓄池的容积。

(2)校核雨水调蓄池收集的水量是否满足绿化灌溉和道路广场浇洒的要求。

4. 潘庙新家园区工程概况

本项目位于武汉市新洲区阳逻街潘庙村，地处北半球中纬度，属亚热带季风性湿润气候区，四季明显，光照充足，热量丰富，雨水充沛。初夏梅雨季节雨量较集中，武汉市年平均降水量为 1205mm。项目地块区域周边水系发达，拥有阳逻深水良港及大小河流，属于阳逻沿江系统。现状建场地多为坡地，部分为民房、鱼塘，地势起伏较大，地面标高多在 20.13～33.20m 之间，最大高差 13.07m；地貌单元属长江三级阶地。按设计规划，建设用地情况见表 6-1。

表 6-1　　规划建设用地情况及各用地类型统计表

序　号	用地名称	面积/m^2	序　号	用地名称	面积/m^2
1	居住用地	17852	5	车行道用地	9715
2	商业用地	2747	6	人行道用地	2632
3	绿化用地	20498	7	社区管理建筑用地	1275
4	停车场及广场用地	11022		总计	65741

根据区域地质构造及地勘资料，该地块场地地质条件较为复杂，浅层主要为人工填土及淤泥质黏土，较深层为老黏性土及碎石土，更深层为粉砂、残积土及砂岩等，

地下水类型为上层滞水，本场地虽然地质稳定性好，适宜拟建物的建筑，但土壤渗透性较弱，渗透系数约为 $10^{-7} \sim 10^{-6}$，在进行部分低影响开发措施建造时需考虑更换土层。

潘庙新家园是城中村改造的村民还建用房，属安居保障社区建设项目，项目规划总建设用地 78413m^2，包括净用地 65740.58m^2，代征道路 12672.42m^2，社区的建筑用地比例 33.27%，绿化率 31.18%。本项目海绵城市建设工程主要包括生态滞留池、生态植草沟、下沉式绿地、渗透型排水沟、透水砖铺装、透水沥青铺装及人工湿地等。

5. 设计要点

(1) 雨水调蓄池容积的确定。设计时可参考《海绵城市建设技术指南——低影响开发雨水系统构建（试行）》《武汉市海绵城市规划设计导则（试行）》确定雨水调蓄设施的容积。

(2) 调蓄容积校核。根据《武汉市海绵城市规划设计导则（试行）》4.6 节 4.6.2 条中：对建筑与小区项目，新建工程的雨水资源化利用量应占其绿化浇洒、道路冲洗和其他生态用水量的 40%以上；改造工程的雨水资源化利用量应占其绿化浇洒和道路冲洗用水量的 25%以上。由此，校核雨水调蓄池收集的水量是否满足绿化灌溉和道路广场浇洒的要求。

6. 设计步骤

(1) 雨水调蓄池容积的确定。采用住建部《海绵城市建设技术指南——低影响开发雨水系统构建（试行）》推荐的容积法计算。

该指南 4.8.2 条中规定：低影响开发设施以径流总量和径流污染为控制目标进行设计时，设施具有的调蓄容积一般应满足"单位面积控制容积"的指标要求。设计调蓄容积一般采用容积法进行计算，即可按下式计算：

$$V=10H\varphi F$$

式中　V——设计调蓄容积或需调蓄容积，m^3；

H——设计降雨量，mm，根据地块的年径流总量控制率确定，见表 1-1；

φ——综合雨量径流系数，可按表 1-2 进行加权平均计算；

F——汇水面积，hm^2。

1)设计降雨量。根据武汉市颁布的《武汉市海绵城市规划设计导则(试行)》，应用海绵城市低影响开发的理念对潘庙新家园进行海绵城市建设的设计，设计要达到如下目标：降低潘庙新家园内的内涝风险，对 70%的年径流量总量进行控制。

查阅《海绵城市建设技术指南——低影响开发雨水系统构建(试行)》对应的设计降雨量，保证设计降雨条件下无外排，以减少对下游市政管网的压力，并增加小区内雨水的回用。

2)综合雨量径流系数。取值参考《武汉市海绵城市规划设计导则(试行)》5.2.2 条，本设计案例中各种用地类型的径流系数取值见表 6-2，根据小区不同类型用地面积计算场地综合径流系数 φ 的加权平均值。

(2)校核调蓄容积。根据《武汉市海绵城市规划设计导则(试行)》中 5.6 节关于"雨水资源化利用水平的评估”规定的绿化灌溉年均用水定额取值，见表6-3和表6-4，对本建设项目区域内绿化用水及道路广场浇洒用水量进行核算。

表6-2　不同用地类型径流系数

序　号	用地名称	径流系数	序　号	用地名称	径流系数
1	居住用地	0.9	5	车行道用地	0.9
2	商业用地	0.9	6	人行道用地	0.6
3	绿化用地	0.2	7	社区管理建筑用地	0.9
4	停车场及广场用地	0.65			

表6-3　绿化灌溉年均用水定额

绿化类型	一级养护	二级养护	三级养护
用水定额/（m^3/m^2）	0.22	0.16	0.11

表6-4　道路广场浇洒用水定额

路面性质	碎石路面	土路面	水泥或沥青路面
用水定额/（m^3/m^2）	0.40～0.70	1.00～1.50	0.20～0.50

具体计算时选取绿化灌溉一级养护对应的年均用水定额0.22m^3/m^2，按每天两次计算用水量；道路广场浇洒根据实际情况选取的水泥或沥青路面对应的用水定额0.5m^3/m^2，按每天一次计算用水量。

校核雨水调蓄池收集的水量是否满足绿化灌溉和道路广场浇洒的要求。

四、工作实施

1. 雨水调蓄池容积的计算

（1）综合径流系数的加权平均值为____________________。

（2）根据潘庙新家园内70%的年径流量总量控制目标，查阅《海绵城市建设技术指南——低影响开发雨水系统构建（试行）》，得到本小区雨水设计规模（日值）为______。

（3）计算雨水调蓄池容积$V=10H\varphi F=$____________________。

2. 调蓄容积校核

（1）根据《武汉市海绵城市规划设计导则（试行）》5.6节和《民用建筑节水设计标准》（GB 50555—2010）中的3.1.6条，确定绿化灌溉用水量（日值）为__________。

（2）依据《武汉市海绵城市规划设计导则（试行）》5.6节和《绿色建筑评价标准》（GB/T 50378—2014）中的6.2.12条，确定道路广场浇洒用水量（日值）为________。

（3）校核雨水调蓄容积是否满足绿化灌溉水量和道路广场浇洒用水量__________。

五、提交成果

1. 雨水调蓄池容积设计计算书1。

请将雨水调蓄池容积计算和调蓄容积校核设计计算过程书写至空白处。

2. 雨水设施衔接设计。

雨水调蓄池除了可以收集屋面雨水，还可以收集哪些水源？雨水调蓄池与海绵小区的各项设施如何进行衔接设计，请用流程图画出雨水的径流路径图。

3. 雨水调蓄池容积设计计算书 2。

请根据“2. 雨水设施衔接设计”中的设计思路，尝试进一步设计雨水调蓄池的容积并将设计计算过程写至空白处。